U0258277

生命的时钟

刘锐——著

生物学入门探索指南

中信出版集团 | 北京

图书在版编目（CIP）数据

生命的时钟 / 刘锐著 . -- 北京：中信出版社，2025. 1. -- ISBN 978-7-5217-6830-5

Ⅰ. Q-49

中国国家版本馆 CIP 数据核字第 2024B9Y377 号

生命的时钟

著者：刘锐

出版发行：中信出版集团股份有限公司

（北京市朝阳区东三环北路 27 号嘉铭中心　邮编　100020）

承印者：北京通州皇家印刷厂

开本：880mm×1230mm　1/32　印张：7　字数：132 千字

版次：2025 年 1 月第 1 版　印次：2025 年 1 月第 1 次印刷

书号：ISBN 978–7–5217–6830–5

定价：49.00 元

目录

第二部分
进化与发育

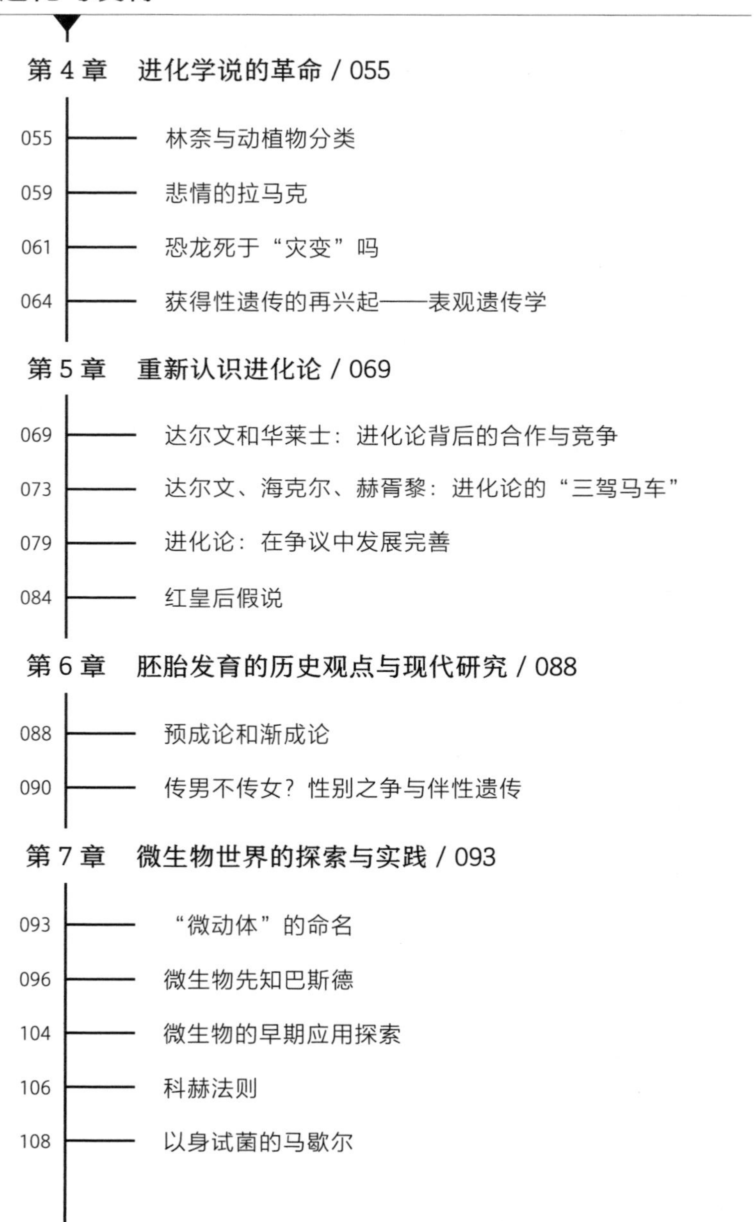

第三部分
遗传与基因

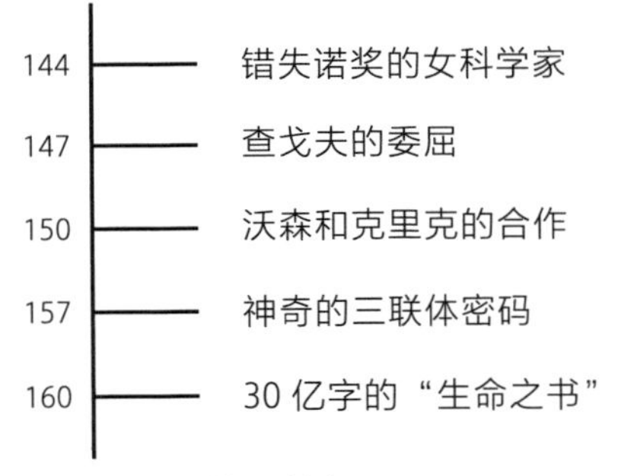

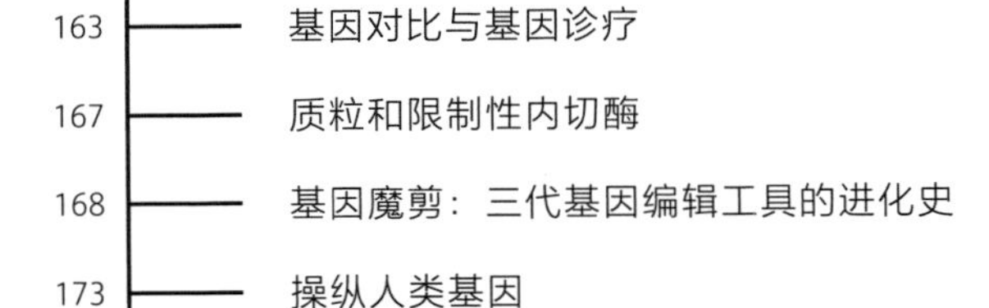

第四部分
环境与人类

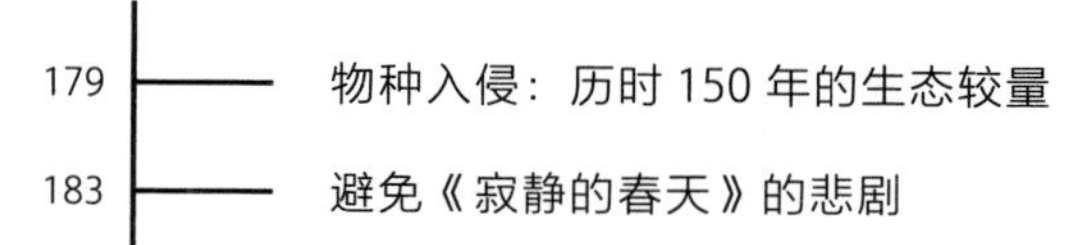

序

探索2000年生物学发展史，建立科学的生命观念

从地球的形成到原始海洋中蛋白质颗粒的出现，再到单细胞原核生物的诞生，生命的起源问题显得神秘又耐人寻味，每一步都像被一双无形的大手精心地操纵着。

生命诞生之后，从寒武纪大爆发到类人猿的直立行走，从进化论的诞生到遗传因子的发现，每一次生物学研究产生突破性成果的过程都显得跌宕起伏……

虽然生物学与我们人类息息相关，与医学、博物学、解剖学、动物学、植物学等都有着千丝万缕的联系，但是在19世纪之前，这一学科一直没有独立的名称。在没有名称的那些漫长的时光里，生物学究竟经历了怎样的演变？

从远古生命起源的观点来看，中国古代有着诸多关于生命诞生的传说，例如盘古开天辟地、女娲造人；古希腊也有类似的传说，天父乌拉诺斯和地母盖亚生了很多儿女，代代繁衍，

他们的后裔中有一个叫作普罗米修斯的最为聪明，普罗米修斯用泥土捏成了各种各样的动物，还捏成了世界上第一个人；古埃及的故事与此有着异曲同工之妙，一位叫作库努姆的神用黄泥捏出了人。

大量神话故事被写进了《创世记》，再经过犹太人传递给基督教教徒。在基督教教徒眼里，上帝充当了造物主的角色，对于生命起源给予了绝对的帮助。

当然，也有很多人逐渐对造物主创造万物的观点产生了怀疑，中国战国时期的思想家屈原就在《天问》中表达了这样的思想："女娲有体，孰制匠之？"这句话的意思是女娲也是有身体的，那么究竟是谁创造了女娲呢？这句疑问表达了当时古人对于人类起源的思考。

随着时间的流逝，神学思想逐渐统治了整个世界。这一时期，人们对于生命是什么一无所知，对于万物（包括人类）是怎么来的也没有太多清晰的认识，而对动物甚至是人体的解剖是我们获得普通生物学知识的一项重要途径。动物的器官被赋予了更多的象征意义，动物本身也常常被用作部落或者氏族的图腾，因此关于动物解剖的行为对牧师、猎人、祭司等人来说极其重要。原始人类则可以在护理伤口或者进行简单的外科手术时积累解剖知识。

从伟大的医学家、被誉为希波克拉底之后第二位西方医学权威的盖仑开始，人类逐步积累起成熟的解剖学知识。盖仑通过解剖动物类比人体，获得了很多重要的发现。比如，他认为肝脏、心脏、大脑是人体最主要的器官；人的肝脏是五叶的；尿液是在肾脏中形成的，与膀胱无关。但是他也有很多错误的认识，比如，他认为人的腿骨和狗的腿骨一样，都是弯曲的；肝脏的主要功能是造血；血液是呈潮汐式运动的。随后，维萨里、哈维等人在前人的基础上进行了持续的研究。哈维更是通过直接的人体解剖发现了盖仑理论中的 200 多处错误。

伴随着对各种动植物研究的深入，人类产生了把这些生物进行归类的想法。从甲骨文中就可以看出，中国人在很早以前就形成了朴素的分类思想，他们把植物和动物分成：草、木、虫、鱼、鸟、兽。古希腊的亚里士多德在《动物志》中对 500 余种动物进行了尝试性的分类，他认为可以根据有无红色的血液，将动物简单地分为有血液的动物和没有血液的动物。当时的博物学家对血液的认知仅仅停留在人和常见家畜的红色血液上。现在我们知道，动物的血液不一定都是红色的，例如，鲎的血液在氧饱和的情况下是蓝色的，虾的血液是青色的。但是在亚里士多德的时代，这样的分类观点还是远远超出了普通民众的认知。亚里士多德的弟子、植物学家狄奥弗拉斯图（约前 371—约前 288）提出了另外一种观点：以器官的更新速度来区分动植物。失去器官后，器官更新速度快的是植物，更新速度慢的是动物。

当时的社会还存在一种“伟大的存在之链”的说法，它描述了所有生命形式的层级体系。处在最底层的是岩石和矿物，往上一层是植物，再向上是动物，动物又被分为几个层级，蜗牛和蛇在动物的最下层，最上层是人类，在人类之上的是天使和造物主。这种分类方式代表着当时最朴素的认知。

此外，从遗传学角度看，2 000 多年前的《周礼》中记载了谷物的不同品种，《尔雅》中记录了马的不同品种，《本草纲目》中记录了很多有关生物变异的内容，包括金鱼的变异、花卉的变异……从微生物学的角度看，中国有着悠久的酿酒文化，早在殷墟出土的甲骨文中就包含了“酒”字；在《周礼》中，已经有了关于酒曲制作和酿酒工艺的详细描述。

人类出于生存的需要，首先认识的就是可以充当食物的生物。在古埃及、古巴比伦、中国、古印度等古代文明发展程度较高的国家，人们很早就开始从事与人类生活密切相关的植物栽培及动物驯养工作。2002 年的《科学》杂志中提到，早在 1.5 万年前，东亚人就开始驯化狼，也就是今天狗的祖先；在 1 万年前，生活在南美洲厄瓜多尔的印第安人就开始种植西葫芦和加拉巴木。除了食物，人类还必须面对疾病的挑战，由于认识自然的能力及与自然抗争的能力相对较差，除了利用动植物进行治疗，传统的医学也开始萌芽，动物体乃至人体解剖的活动让人类能够充分认识到人体的构造……16 世纪，伴随着资本主义工业的兴起，以研究植物、动物、矿产为主要内容的博物学在欧洲逐步发展，人类由此进行了对生物本质的探索，对生物进行了简单的描述和记载。

17—19 世纪，伴随着欧洲工业革命的发展，生物学取得了长足进步。詹森兄弟、列文虎克、罗伯特·胡克、马尔比基和尼希米·格鲁等人发明了显微镜并改进了显微镜的显示倍数，观察细胞和各种生物成了古典生物学的热门研究领域。1735 年，瑞典生物学家林奈出版了《自然系统》，创立了生物分类的等级和双名法，让生物研究有了明确的归类范式。从某种意义上说，生物命名法的确定让原先混乱的生物按照某种特定的分类标准形成了各自独特的体系，对于同一物种的研究不会再出现各自为政的情况，研究信息更加透明，研究步伐得以加快。1839 年，德国植物学家施莱登和德国动物学家施旺共同创立了细胞学说，成为 19 世纪自然科学三大发现之一。1859 年，《物种起源》的出版动摇了上帝创世和物种不变的唯心主义观点。

19 世纪初，“生物学”这样一个新兴又包罗万象的词诞生了，细胞生物学、遗传学、免疫学、微生物学、生理学、胚胎学、分子生物学等分支学科纷纷建立。

从 19 世纪中期到 20 世纪中期，数学、物理、化学等学科蓬勃发展，人们在这些学科与生命科学之间进行了广泛的交叉研究。1866 年，奥地利神父孟德尔发表了《植物杂交实验》一文，奠定了现代遗传学研究的基础。随后，美国生物学家、“现代遗传学之父”托马斯·摩尔根在此基础上以果蝇为模式生物进行研究，继续提出遗传学的连锁和互换定律，用实验的方式将遗传规律清晰地呈现在公众面前。至此，遗传学的三大基石呼之欲出。

19 世纪，法国微生物学家巴斯德证明了微生物不能在短时间内“自然发生”，通过实验证实微生物必须经外界环境引入；苏联生理学家巴甫洛夫在心脏生理、消化生理、高级神经活动生理方面做出了突出贡献，构建了条件反射理论；德国博物学家海克尔、德国生物学家施佩曼在动物胚胎发育研究方面取得重要发现，通过实验胚胎学证实了被移植的组织和宿主都可能参与二级胚胎的形成；1944 年，美国细菌学家奥斯瓦尔德·埃弗里通过肺炎双球菌转化实验证明 DNA（脱氧核糖核酸）是遗传物质。这一系列研究都证明了实验设计的重要性，生物学家已经不再简单地局限于观察生物、描述生物，而是在用实验论证自己的观点。

1953 年，美国生物学家沃森和英国生物物理学家克里克提出了 DNA 双螺旋结构模型，以这一事件为分水岭，人类步入了分子生物学时代。生命科学的研究逐步向生命的本质深入，分子角度的研究领域成为热门。1957 年，克里克提出了遗传的中心法则，指出生命信息的流向；1961 年，法国分子生物学家 J. 莫诺和 F. 雅各布提出了乳糖操纵子模型，开始尝试探讨基因调控的原理；1966 年，美国生物化学家马歇尔·尼伦伯格破译了 64 个遗传密码，成功解析将所有生物的遗传信息解读成蛋白质的规律；1975 年，德国免疫学家科勒和阿根廷免疫学家米尔斯坦研究获得了淋巴细胞杂交瘤，进而发明了单克隆抗体技术，开启了临床诊治领域研究的先河；1990 年，美国政府启动了人类基因组计划，中国在 1999 年加入其中，并且承担了 3 号染色体短臂的测序任务；2005 年，人类基因组计划的测序工作全部完成，这项工作的完成是全世界多个国家的科研中心通力合作的结果，人类这本由 30 亿个碱基对组成的天书完美地展现在世人面前。探究生命的本质，并且开始有目的地研究和改造生物，成为这一阶段的显著特征。

在从事科研工作的过程中，我深刻地感受到科技的重要性，科技强则国强，科技兴则国兴！这一切都依赖于国民整体科学素养的提升。一个偶然的机会，我开始接触科普，想写点儿关于生命科学普及的内容。在当今社会，信息量骤增，五花八门的内容将我们团团包围，人们没有太多的时间去辨明真伪，很多人还缺乏基本的科学常识和科学精神，因此科普工作刻不容缓。

作为一名科研人员，我深知应该在研究之余尽微薄之力，让科学精神、科学素养惠及更多人。因此，我想用最朴实的语言，用一个个生动的故事帮助大家构建对于生命最朴素的认知。

2021 年 6 月，国务院印发《全民科学素质行动规划纲要（2021—2035 年）》（简称《科学素质纲要》）。《科学素质纲要》指出 2025 年的目标是我国公民具备科学素质的比例超过 15%。

这对我们的工作来说，既是促进，也是莫大的支持与鼓励。

知识是无法穷尽的，我们应该尽己所能地多了解一些。终此一生，也许我们无法成为科学界的巨匠，但是我们可以在科学发展的历程中做一个安静的观察者和倾听者，让科学精神和理性思维的种子在我们的思想中萌芽、开花、结果。

接下来，让我们开启生命之旅！

第一部分

探索生命的运作方式

实证科学将正确的理论从原先愚昧的认识中解放出来，科学不再是纯粹的话语，而是能够通过实验和数理证明之事。

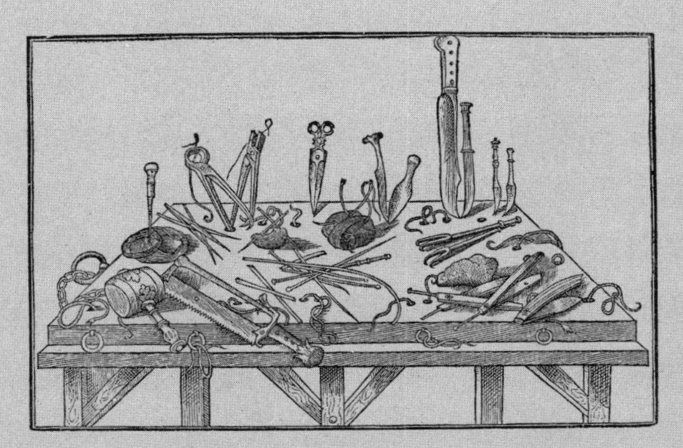

1543 年，维萨留斯所著《人体的构造》中的手术器械插图。[1]

第1章

冲破巫术的阴霾，建立现代医学体系

我们的故事将从公元前5世纪开始。故事主要的发生地位于巴尔干半岛南端，也就是希腊文明的发源地。

古希腊社会人才济济，苏格拉底、亚里士多德、柏拉图、欧几里得等人先后各领风骚。

如果要论资排辈的话，研究生物的科学家只能靠边站，不仅因为生物学只能算是冷门中的冷门，而且由于那个年代并没有“生物学”这一说法，科学家的研究领域大都集中在医学和博物学方向。在古代中国，学科也是按照“农、医、天、算”来划分的，中西之间有着异曲同工之妙。基于这种情况，当时很多著名的科学家都只是以研究生物学为副业。

巫毒娃娃

公元前4世纪，巫术充斥在当时生活的各个角落。人们会把巫毒娃娃放在坟墓和门槛上。巫毒这个词源自拉丁文“Voodoo”。巫毒娃娃被赋予了浓厚的诅咒色彩，人们相信对这种玩偶的崇敬能给自己带来好运。

在当时巫术盛行的氛围下，诅咒和咒语在生活中也十分普遍。在古代，巫术有着复杂的内涵，诅咒和咒语造成的损害仅仅是巫术导致的无数伤害中的冰山一角。当时的民众认为巫术仪式不仅可以伤害对手和敌人，还可以开辟出一条通往至高无上神灵的道路，巫术在某种意义上可以被称为“神的赐予”。在当时的社会，到处可见刻写了诅咒的写字板、纸草书、巫毒娃娃等。人们在遇到生老病死或者重大事件时，不是去寻医问药，而是把全部希望寄托于神圣的巫术，于是防病的护身符、交感巫术等四处可见。遇到任何事情在第一时间寻求巫术的帮助成为人们约定俗成的做法。

在这样的环境中，约公元前460年诞生了一位伟大的医师——希波克拉底。希波克拉底将这片笼罩在人类头顶多个世纪的乌云拨开了一道小缝，让自然科学的一缕曙光从容地洒下，这缕曙光带来的不仅是科学的光明，更重要的是它浇灌了科学的沃土，并且在其中孕育了理性的种子。

希波克拉底总结了大量的疾病与临床实践的例子，不相信巫术能有其所宣称的效果。他认为这些疾病产生的原因并不在于巫术和咒语，而是与我们自身的体液密切相关。希波克拉底认为人的体液可以分为四种：血液、黄胆汁、黑胆汁和黏液。这几种体液可以相互作用、相互调和，如果有一种或者几种体液失调，人就会生病。希波克拉底的理论对人们的认知产生了极大的冲击，虽然他的说法欠妥，但是他的观点把疾病的产生原因从虚无缥缈的神灵转移到客观存在的物质上来，这是一种极大的进步。

希波克拉底在巫术和宗教占统治地位的时代大胆地提出自己的观点和学说，就像在一潭饲养着慵懒的草食性鱼类的湖水中放入了一条鲇鱼，让平静的湖水中出现了一丝生机和活力。

公元前 430 年，希波克拉底 30 岁那年，希腊发生了一场重大的变故——雅典大瘟疫。这场瘟疫来得突然，消失得也很蹊跷，现代医学也无法证实究竟是什么病毒导致了这场瘟疫的发生。

公元前 431 年，在这片代表着当时世界上最高文明之一的沃土上，发生了一场载入史册的希腊人的内战——伯罗奔尼撒战争。交战的双方分别是以雅典为首的提洛同盟和以斯巴达为首的伯罗奔尼撒同盟。

双方激烈交战，打得难解难分，但是似乎上天特别眷顾伯罗奔尼撒同盟，开战后的第二年，雅典暴发了一场神秘的瘟疫。被感染的人都表现为高热、出血、咳嗽、腹泻，虽然体表没有发热，但是身体内部的器官饱受着高热的威胁和困扰。当时幸存下来的历史学家修昔底德在回忆中描述道：“大部分人喜欢跳进冷水中，有许多没有人照料的病人也这样做，他们跳进大水桶中来消除不可抑制的干渴，因为他们无论喝多少水都无法缓解口渴的折磨。他们长期患有失眠症，不能安静下来。”[①] 因为医生是最早接触患者的，那时的人们防护隔离意识不强，也没有具有针对性的治疗方案和特效药品，所以医生成了首批被感染者。随着疫情的进一步扩散，病人不断地将病毒传染给医生、护士，以及照顾自己的亲属。这种叠加式的扩散效应是难以控制的，以至于当时很多家族的全部成员无一幸免。

面对瘟疫的肆虐，更多的人选择了躲避，任由患者自生自灭，而这等于宣告了患者的死亡。瘟疫是公平的，它不顾人的地位、财富、身份，横扫了整个雅典城邦，甚至被称为雅典“黄金时代”缔造者的伯里克利将军也因此丧生。

与此同时，拥有强烈责任感的希波克拉底辞去了马其顿王国御医的职务，直接来到雅典进行义务救护，并且着手寻找这种疾病的病因。但是基于当时的科学水平，结局可想而知，他无法完成他自己所期许的使命。希波克拉底只能从表象上分析和思考。他发现雅典城中基本上家家户户都有病人出现，唯有一位铁匠的家中没有一个人患病，所以他大胆地推测火可以防

① 修昔底德. 伯罗奔尼撒战争史［M］. 谢德风，译. 北京：商务印书馆，1985.

治瘟疫。在他的建议下，全城各处都点起火来，并且将患病尸体一概焚烧。雅典城上空一度被阴森恐怖的浓烟和各种物质焚烧不完全产生的令人窒息的气味笼罩着，恍如人间炼狱。显然，希波克拉底的防治方法并不奏效，焚烧尸体只能减缓病毒扩散的速度，却对治疗和预防这种疾病没有任何实质性的作用。希波克拉底是幸运的，并未在救助病患时染上疾病。

这场瘟疫约夺去了雅典总人口的 1/3，也毫无疑问地剥夺了以雅典为首的提洛同盟胜利的希望。最终雅典战败，向斯巴达俯首称臣，这也标志着古希腊文明的陨落。

这场突如其来的瘟疫可以说决定了战争的走向，也让人类认清了自己在自然界的地位。即使是今天，我们根据历史学家修昔底德的记载也无法具体得知这场瘟疫确切的致病原因，虽然希腊科学家一度宣布瘟疫的元凶是伤寒，但是该结论饱受争议，并没有得到普遍的认可。

生命的直观探索：跨越千年的人体解剖学接力

在希波克拉底之后的很长一段时间里，对生命的研究，更准确地说是对医学的研究，都没有特别值得我们提及的伟大人物，直到塞尔苏斯和盖仑的出现。

人体解剖学接力的第一棒、医学家塞尔苏斯诞生于公元前 25 年。塞尔苏斯是典型的罗马贵族，从小接受良好的希腊文化教育，并且对医学表现出浓厚的兴趣。他以罗马医学百科的编写者而闻名。他在书中详细描述了扁桃体摘除术、白内障手术、甲状腺手术及外科整形手术，这些内容成为后来的从医者学习的范例。

第二棒是盖仑。129 年，伟大的医学家盖仑诞生了。在那个文明尚不发达的社会，解剖人体被认为是大逆不道的事情。然而希波克拉底建立的医学理论中存在很多难以解释的问题，也有很多明显的错误，若想得到确切的答案，就必须进行临床解剖。

盖仑出生在小亚细亚。在教会严格控制着大众思想的年代，他认为既然不可以解剖人体，是不是能够通过解剖动物来研究人体结构呢？盖仑立刻着手解剖各种动物。毫无疑问，盖仑的推理能力出众，他通过解剖动物来研究人体，提出了很多重要的观点。盖仑将动物与人类进行类比，获得了许多弥足珍贵的医学知识。因此，盖仑当之无愧地成为西方医学的绝对权威，他的理论牢牢控制了西方医学长达 1 000 余年，直到下一位接棒手的出现。

第三棒叫维萨里。1514 年 12 月 31 日，在这样一个新年即将来临的日子里，他出生于比利时的一个医学世家。这一切似乎也预示着他必将翻开医学研究的新篇章，开启一个崭新的时代。

我们无意去弱化盖仑作为开创者做出的巨大贡献，但是他迫于当时的宗教压力，无法进行人体解剖，他的类比理论中在所难免地存在很多错误，比如盖仑认为人的腿骨和狗的腿骨一样都是弯曲的。由于维萨里进行了人体解剖，他很容易就用事实证明了盖仑理论中的这些错误。

维萨里通过解剖实践发现了很多原先没有被发现的事实。直观的实验是科学研究的利器。塞尔苏斯和盖仑的工作像是蒙着眼睛摸索，维萨里则是在用眼睛观察。

随着工作的逐步深入，如何找到合适的尸体来源是维萨里最头疼的问题。他的第一选择是去绞刑架下等待那些被绞死的异教徒或者被判处死刑的人的尸体。但是仅靠这种途径获得的尸源无法满足他的实验需求，于是他又把目光放在了野坟上，干起了“盗墓”的勾当。

有人说，科学家其实就是疯子，是偏执狂中的一类。对于这种说法，我们不应妄加评论。毕竟维萨里的工作并不是为了一己私利，而是为了推动医学的发展。维萨里为医学的发展贡献了毕生的精力，他的工作纠正了盖仑通过动物实验推测出来的人体结构理论中的 200 多处错误。

1543 年，维萨里的伟大著作《人体的构造》出版，他在书中论述了人体的骨骼系统、肌肉系统、血液系统等七大系统的情况。书中附有大量精美的插图，他拜托当时著名画家提香的徒弟承担插图的绘制工作，这些精美绝伦的插图即使在今天依然令人叹为观止（见图 1–1）。

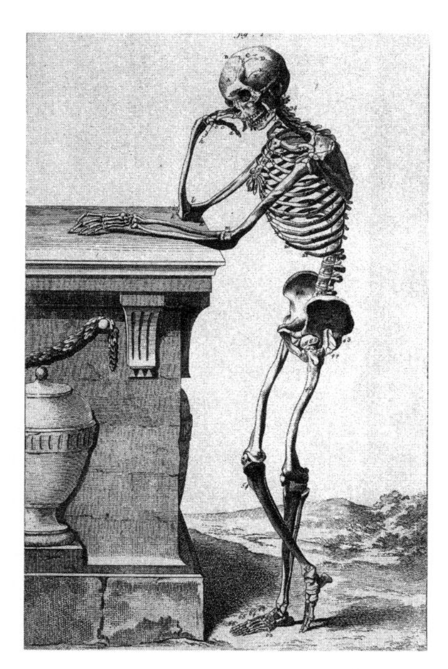

图 1-1 《人体的构造》插图[2]

不幸的是，维萨里的工作惹恼了宗教信徒，毕竟科学理论会在一定程度上与宗教观点产生冲突。其中最典型的例子是：根据《圣经》的记载，夏娃是由亚当的一根肋骨化成的，按照这种说法，男人应该比女人少一根肋骨，但是维萨里通过人体解剖，发现男人和女人的肋骨数目是一样的，都是 12 对、24 根，于是他否定了这个作为《圣经》故事基础的论断。

维萨里的学说对于宗教的打击是釜底抽薪式的。很多狂热的宗教分子因此对维萨里发起攻击，他们诬陷维萨里进行活体解剖，宗教裁判所立即将他判处死刑。千钧一发之际，西班牙国王御医的身份挽救了他的生命，但是他没能逃脱被流放到耶路撒冷朝圣忏悔的命运。

在忏悔归来的路上，他不幸遭遇海难身亡。维萨里的工作让受神学蒙蔽多年的大众第一次摆脱了宗教的禁锢，真正接触到生命的真相。

第四棒是威廉·哈维。1578年，哈维出生在英国肯特郡，师从维萨里的学生法布里修斯。他在行医的同时，继续进行着解剖学研究。哈维是前文提到的多种理论的集大成者。

哈维在解剖实验中发现盖仑的动脉吸收理论是错误的，他认为人的心脏应该分为左右两个部分，每个部分分为两个腔，上下两个腔由一个瓣膜隔开，上半腔的血液会流到下半腔中，而不能发生逆流，心脏中血液的流动总是单向的。他发现用绷带扎紧人手臂上的静脉，心脏会变得又空又小，倘若扎紧手臂上的动脉，心脏则会明显变大。这说明静脉中的血液是心脏中血液的来源，动脉中的血液则由心脏源源不断地供应。由此证明，盖仑关于血液流动呈潮汐形式往复运动的观点是错误的。

哈维为了证实自己观点的正确性，使用鹿作为实验材料向当时的查理一世国王和查理王子现场演示了血液循环的实验。哈维为研究心血理论做了大量实验，他清晰地了解血液在人体中流动和循环的全过程。哈维把自己的研究成果著成《心血运动论》一书，详细地描述了血液的流动过程，第一次把物理学的机械运动规律引入生物学，科学地解释了这一困扰了人类几个世纪的难题。然而他的著作并不被教会和保守派认可，他们不断地攻击哈维，试图阻止正确理论的传播。与此同时，科学发展的车轮不可阻挡地向前滚动。哈维在第四棒的位置上不断地提速冲刺，最终在 17 世纪叩开了近代生物学发展的大门。

从 2 世纪盖仑开始进行动物解剖，到 16 世纪维萨里、法布里修斯、哈维等人进行人体解剖，延续了 1 000 多年的解剖学发展史让我们得以建立对生命最直观的认识，也让我们第一次认真审视人类这样独一无二的生命体。

第2章
细胞的发现

工欲善其事，必先利其器，我们在进行科学研究的时候使用什么样的研究工具，可能就决定了我们所能达到的研究水平。

那么在发现细胞之前，人类是使用什么样的手段对事物进行观测的呢？显微镜的发明史是怎样的？在这背后又有着什么样的故事呢？

显微镜下的跳蚤

人眼能分辨的最小距离大约为0.1毫米，也就是说，两条平行线之间的距离如果小于0.1毫米，在人眼中就变成了一条线。所以在发明显微镜之前，人们观察动物和植物时只能看到其表面特征，无法深入地了解究竟是什么组成了大自然中千奇百怪的生物。

大自然是极其神奇的，细胞之间的大小差别就能有百万倍之巨。支原体是目前已知最小的细胞生物，它的直径只有 100 纳米左右，相当于头发丝直径的千分之一；最大的细胞是鸟类的卵细胞，我们身边就有一个例子——鸡蛋的蛋黄实际上就是一个卵细胞。但是大多数细胞，无论是动物细胞还是植物细胞，都是无法通过肉眼观察到的，所以在显微设备并不发达的时代，对于细胞的研究一直止步不前。

人类对于细胞体积的大小有过诸多疑问。鲸鱼的细胞是不是比蚯蚓的细胞大很多？参天大树的细胞是不是也远远大于小草的细胞呢？个体体积的差别究竟是因为每个细胞的大小不同，还是由于数量不同呢？换句话说，鲸鱼比蚂蚁大的原因是鲸鱼的细胞比蚂蚁的细胞大得多，还是两者的细胞大小基本相同，只是鲸鱼细胞的数量远远多于蚂蚁的呢？不依靠仪器，基本无法解答这些问题，于是各种透镜应运而生。

早在古埃及，工匠们就曾把石头和水晶的表面磨制成凸面或者凹面的艺术品。古罗马皇帝尼禄曾经在竞技场上凭借一块具有弯曲刻面的宝石观看表演，这种做法让现在的研究者很是疑惑。在 13 世纪之前，史料中很少有关于使用曲面宝石的记载。

我们现在可以大胆地猜测，尼禄可能是一位近视患者，他通过这种曲面的透镜来矫正视力，让自己能更加清晰地观看表演。这也许是最早的关于透镜使用的记录了。1589 年，博物学家波尔塔（1535—1615）出版了一部百科全书式的著作《自然魔法》。波尔塔在书中提出，凸透镜可以放大物体，但它们看起来会比较模糊；使用凹透镜可以看到更小但更清晰的物体，凹透镜可以用于矫正近视。这可以说是那个时代最伟大的发现之一。

在使用单个镜片进行观测的时候，由于受到工艺和实际尺寸的限制，我们无论将凸透镜的体积做到多大，放大的倍数也是很有限的。但是如果将不同的透镜搭配在一起，组成复合镜片，将会发生什么样的变化呢？

这里我们不得不提及两位著名的人物。也许在当时，他们就像现在普通私企的老板一样，没有上市公司首席执行官的实力，也没有显赫的背景，但是他们的工作让历史记住了他们——汉斯·詹森和扎卡莱亚斯·詹森父子。詹森父子是荷兰的眼镜制造商，1590 年，在不断打磨镜片的过程中，他们偶然将一根直径 1 英寸[①]、长 1.5 英尺[②]的管子的两端分别装上了一块凸透镜和一块凹透镜。奇妙的事情发生了，他们发现这样可以把原先细小的东西放大到以前无法企及的大小，这一发现让两人欣喜若狂，因为他们终于突破了单个透镜放大倍数有限的瓶颈。这可以称得上是人类历史上第一台原始的复式显微镜，它通过镜片的复合使用大幅度提升了显微镜的观察倍数。

---

① 1 英寸等于 2.54 厘米。——编者注

② 1 英尺等于 30.48 厘米。——编者注

第一批复合透镜的显微倍数只有十几倍，但足以看清一些原本肉眼看不清楚的小物体。1610 年，伽利略利用这种复合透镜近距离观察小物体后对外宣称，在他的透镜组下，苍蝇竟然和母鸡一样大。这种比喻虽然有夸张的成分，但是依然表现出在发明透镜组之后，大家抑制不住的喜悦。

这种透镜组被称为最简单的显微镜，由于当时大家都喜欢用这种透镜组来观察跳蚤，它又被亲切地称为“跳蚤镜”。显微镜下的跳蚤如图 2–1 所示。

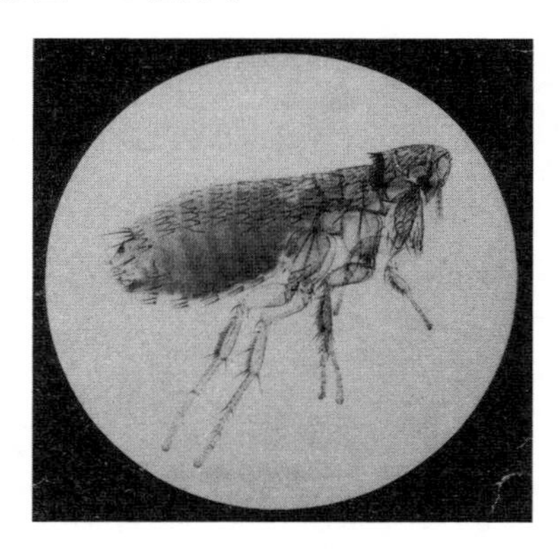

图 2–1　显微镜下的跳蚤 [3]

要将这种新鲜的科学事物在民众间传播开来并非一件容易的事情。当时，宗教和巫术盛行，处于教会思想禁锢之下的普通民众还很难接受透镜这种新兴的科学事物，他们认为一切可能威胁宗教理论的事物都是大逆不道的。

一位教会的牧师被说服使用透镜组观察跳蚤的外形。在显微镜下，原先肉眼无法观察到的细节会变得相对清晰，会对人们已有的认知造成极大的冲击。这位牧师被显微镜下跳蚤的外观彻底吓到，感到惶恐不已。这就好似我们在现实中可以很坦然地和蚊子、苍蝇同处一室，并不觉得可怕，但是当苍蝇和蚊子变大若干倍，和老鼠一样大时，我们就会感到相当害怕了。由于平时鲜有接触，对微小事物的突然放大就会对我们的心理产生巨大的冲击，这就是放大的效果。

受到惊吓的牧师立刻宣布劝说他使用透镜组的人是男巫，而且是一位无神论者。在当时，这种指控无疑是致命的，教会立刻逮捕了这位男士并判处火刑。幸运的是，瑞典女王克里斯蒂娜得知这一情况后出面干预，他幸运地捡回了一条命。可见，要想让一项新技术彻底被世人接受，在中世纪甚至更早的时代，需要付出比我们当今社会更艰辛的代价，甚至要承担丧失生命的风险。

显微镜发展史中的五位巨匠

在最简单的显微镜出现后，五位显微镜发展史上的杰出人物各自独立地把显微镜的性能和应用范围提升到了新的高度。这五位巨匠分别是安东尼·列文虎克（1632—1723，荷兰生物学家）、罗伯特·胡克（1635—1703，英国科学家）、简·施旺麦丹（1637—1680，荷兰生物学家）、马尔切罗·马尔比基（1628—1694，意大利解剖学家）和尼希米·格鲁（1641—

1712，英国植物学家、医师）。

关于列文虎克和胡克，相信大家都不陌生。只要提到显微镜的发明或者是细胞的发现，就一定会提到他们两人。

翻开列文虎克的传记，我们就会发现他是一位在那个平均寿命极低的年代可以活到90余岁的长者。他家境殷实，父亲是篮子制造商，母亲出生于酿酒世家，他在经营自己的店铺时承担了多项工作，与此同时，他有着一些异乎常人的爱好——吹玻璃、磨透镜、制造精制金属制品等。

列文虎克把他对透镜的爱好发挥得淋漓尽致，他甚至因此失去了最宝贵的家庭生活乐趣。他的两任妻子都先他而去，六个孩子也仅有一个在他去世前还健在。他经常因无暇顾及家庭遭受指责。列文虎克以这样的损失换来了用毕生心血制作的400多台显微镜和放大镜，其放大倍数从50倍到200倍不等。这个放大倍数对现在的我们来说并不稀奇，但是和当时常用的放大倍数仅为十几倍的显微镜相比，足以说明列文虎克磨制显微镜的技艺有多么精湛和超前。

列文虎克制作了短焦距的双凸透镜。打造这种显微镜在当时的技术条件下十分困难，需要极其精细的打磨工艺，但是列文虎克居然做到了。可惜列文虎克巧夺天工的手艺在他去世后的一百年间遗失殆尽，不得不说是人类的损失。

列文虎克利用自己的研究利器——放大倍数达到200倍的显微镜，可以看到很多其他人无法观察到的微观世界。他观察了大量生物——跳蚤、蚜虫、蚂蟥等，也观察了鱼、青蛙、鸟的红细胞。他提出了一个现在看来仍然正确的观点：血管中的血液循环依赖于心脏的搏动。

列文虎克还在狗、兔子和人类的精液中观察到了精子的存在。在列文虎克之前，人们对于精子的认识普遍不准确，由于受到观察手段的限制，人们并没有在精液中观察到精子。17世纪中叶，荷兰莱顿大学医学中心的约翰·哈姆通过自制的显微镜在淋病患者的精液中发现了精子的存在，由此提出精子是该疾病的罪魁祸首。这一观点在那个显微世界未被人类触及的时代有着很广阔的认知市场。

但是列文虎克对这一观点产生了深深的怀疑。由于他的透镜放大倍数较高，他有着别人不具备的研究优势。列文虎克在很多正常的动物精液（包括人类的精液）中，都看到了游动的精子，因此他认为精子不是疾病的诱因，而是一种普遍存在的物质，因为有了精子，才会出现精子和卵子结合的生理过程。

列文虎克是一位特立独行的科学家和天才匠人，他衣食无忧，全身心地投入科学研究，达到了对科学研究如痴如醉的状态。英国皇家学会会长牛顿爵士的情况与列文虎克相似。当时的很多科学成果主要是由上流社会人士取得的，他们有足够的时间、金钱支持自己从事喜欢的事业，无须为温饱担忧。

列文虎克是一个非常倔强的人，对科研有着近乎痴迷的追求。他希望自己的学徒也能够将全部精力集中在透镜的磨制及观察上，而不是用自己磨制镜片的技术去获取财富。但是很多学徒并没有列文虎克那样优渥的家境，他们学习制作显微镜主要是为了改善生活条件，这已经背离了列文虎克的初衷。不久，很多学徒离开了他。列文虎克也失望地不再招收新的学徒，以致他的技术最终失传。

当有人问及列文虎克为何不愿意再将自己的技艺传授给年轻人时，他回答："训练年轻人来磨透镜，或者是为了这个创立学校，我可看不出来这有什么作用，因为很多学生去那里是为了从科学中赚钱，或者是想在学术界获得名声，并非大多数人都有求知欲望……"[①]

软木片上的细胞：胡克与细胞的命名

第二位我们要提及的科学家是胡克。胡克的主要贡献有两条：第一，改进了显微镜的放大效率；第二，发现并提出了细胞的概念。

胡克 1635 年生于英国怀特岛，1703 年去世。他和牛顿是同时代的科学家，但是二人在学术观点上有不少冲突。由于牛顿当时在学术领域地位较高，胡克的声名受到了一定的影响。

---

① 玛格纳. 生命科学史［M］. 李难，崔极谦，王水平，译. 天津：百花文艺出版社，2002：160.

但胡克无论是在物理学还是在生物学上的贡献都得到了后人的肯定。

1648 年，由于父亲去世，年仅 13 岁的胡克离开家乡去伦敦当了一名学徒。胡克的父亲是一名牧师，按照传统，胡克也应该成为牧师，但是胡克并不喜欢父亲给自己规划好的职业，反而在机械制造和设计方面崭露头角。1653 年，胡克移居牛津，并且依靠自学掌握了丰富的科学知识。他的才华让他获得了大量的机会，并且幸运地成为英国化学家玻意耳和神经解剖学家托马斯·威利斯的助手，跟随著名科学家学习的机会让胡克更快地接触到科学研究的方法，并对科研产生了浓厚的兴趣。

1665 年，胡克出版了《显微图谱》一书。我们其实可以把它看作胡克的职务作品，因为胡克在出版这本书的两年前开始担任英国皇家学会的干事长，负责演示显微镜研究的成果，相当于现在发布会上的实验演示员。他需要向当时的上流社会展示显微镜观察的结果，观察对象包括跳蚤、头发、真菌、针尖、地衣、云母薄片、软木、化石等。在被放大十几倍后，这些物体的表面细节清晰可见。胡克将这些观察结果归纳总结，形成了很多独特的、在当时看来匪夷所思的观点，很难被同时代的人接受。

胡克发现细胞是一个偶然的事件。他对软木的特性产生了浓厚的兴趣。这么大块的软木为什么这么轻？软木的防水性能为什么这么好？软木的结构究竟是什么样的呢？胡克决定在英国皇家学会做一期展示。他用锋利的小刀从软木上削下薄薄的一层切片，然后把切片放在显微镜下。由于软木切片是白色的，胡克将它放在黑色的底盘上以获得更好的观察效果。他发现软木表面有大量中空的小室，像马蜂窝一样（见图 2-2）。

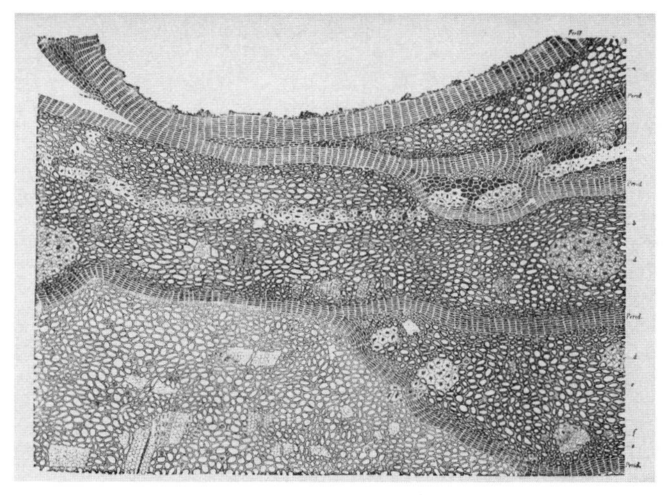

图 2-2　软木片上的细胞[4]

这些小室密密麻麻的，但是其具体作用是什么，它们的结构如何，胡克并不清楚。他只能根据观测结果描述这种显微结构。胡克将它们命名为“细胞”（cell）。殊不知正是这个简单的结构和命名奠定了胡克在细胞生物学史上的地位，这是人类第一次命名这种神奇的组织单位。让胡克更为惊奇的是，他通过计算发现，在每立方厘米的软木切片上竟然有多达 7 000 万个细胞存在。而现在，细胞学已经发展为一门独立的分支学科，在生物学中占有重要的一席之地。

胡克除了提出了细胞的概念，还发现了光会随云母薄片厚度的变化而变化。他还针对化石是如何产生的提出了自己的观点，这些观点都是基于其在显微镜下的观察得来的。一系列的研究让胡克在科学史上留下了浓墨重彩的一笔。

剩下的三位巨匠也许不为众人熟知，但是他们的工作依旧伟大。他们的贡献可能没有列文虎克和胡克突出，但是他们加速了显微镜技术的完善。

其中一位悲剧性的人物是英年早逝的科学家施旺麦丹。他与列文虎克都可以被称为“显微镜发明史上的天才”，展现出了极高的仪器制造水平和工匠精神。施旺麦丹设计了人类历史上的第一台立体显微镜。虽然现在看来这台立体显微镜十分简陋，但是在当时的条件下，它可是一项伟大的发明。施旺麦丹创造性地给显微镜制造了两个臂，一个用来固定被研究的物体，另一个用来固定透镜。两个臂都有粗调和微调功能，粗调能更快地把物体移到合适的位置，微调能帮助观察者更清楚地看到物体的微观结构。施旺麦丹用自己制造的不同放大倍数的显微镜观察了多种物体。为了更好地观察虱子并让其在显微镜下保持静止，他甚至让虱子咬自己的手以观察其口器的活动。

与列文虎克不同的是，施旺麦丹的生活相当清贫，连基本的温饱都无法保障，晚年饱受病魔折磨时也无钱医治，后来靠荷兰皇家图书馆的朋友南特的资助才勉强与病魔多抗争了几年。他在显微镜制作技术上的探索值得我们铭记。

第四位巨匠是马尔比基，他是动植物显微材料制作的创始人。虽然他对显微镜的发明没有太多的贡献，但是他在显微材料的制作方面拥有过人的天赋，其制作材料切片的高超水平极大地改善了成像效果。很多被观察的物体都是不透明的，因此如何通过合适的方式制作出既不改变物体内部结构又方便观察的切片成为一个大问题。马尔比基先是尝试用染色剂固定待观察的材料，后来又用水银和蜡注射对材料进行固定，显著提升了成像的效果。

第五位巨匠是格鲁，他是著名的动植物解剖学家，成功地解剖了 40 多种动物的肠胃并进行比较研究，他在刚杀死的动物身上看到了肠胃的蠕动过程。这种现象在当时是难以解释的，动物已经被杀死了，为什么器官还会继续蠕动呢？这种现象在现实生活中其实经常出现，比如切除鱼的头部后，它的身体有时候还会继续跳动，青蛙在被去除脑干后也会发生膝跳反应，它们的反射弧还继续存在于体内。

格鲁把显微镜引入了解剖学领域，创新性地发现了很多动物身上特有的现象，并且扩大了显微镜的应用范围。自此，显微镜成为解剖学必不可少的研究利器。

经过这五位巨匠的接力式研究，显微镜从最初仅能放大十几倍发展到能放大 200 倍的水平，显微精度达到了可以观测微生物的程度。人们在此基础上命名了“细胞”，发现了“微动体”，显微镜真正成为最重要的光学实验仪器。马尔比基和格鲁继续之前的研究，将显微镜成功地应用到不同的研究领域，为动物学、植物学、微生物学、解剖学等分支学科的发展提供了有力的武器。

原始细胞学说的建立

从 1665 年胡克发现细胞到 1839 年“细胞学说”建立，其间经历了 170 余年。

19 世纪发现细胞学说的德国人施莱登是一个学术狂热分子。他早年曾在海德堡攻读法律，之后在汉堡从事律师工作。可能是在工作上遇到了不顺心的事情，或者是他并不喜欢自己的工作，他曾企图自杀。最终，施莱登彻底放弃了法律专业，转而从事生物学和医学研究。拥有过人天赋的施莱登在 27 岁那年拿到了医学和哲学的博士学位，并且开始在耶拿大学任教。从跨专业学习到拿到博士学位，施莱登只用了短短几年的时间。

施莱登坚持自己的学术观点，猛烈地抨击林奈制定的植物学分类法，认为植物学是一门综合性的科学，不能通过人为的分类将它分裂开来。

在柏林工作期间，施莱登遇到了动物学家施旺。与施莱登相比，施旺显得特别内向和腼腆。施旺主要的研究领域集中在动物身上，师从德国生理学家弥勒（1801—1858）。在研究过程中，施旺发现了神经纤维的鞘、胃蛋白酶等。通过研究，施旺逐步意识到了活力学说[①]的错误性和局限性。

施莱登和施旺的会面堪比100年之后沃森和克里克的会面，前两者一起商讨着细胞学说的雏形，后两者一起叩开了分子生物学的研究之门。

施莱登和施旺的合作一直进行得非常顺利，不拘泥于繁文缛节。他们经常在用餐时进行学术交流和沟通。在一次用餐时，施莱登提出细胞核在植物细胞中起着非常重要的作用，施旺立刻联想到动物的脊索细胞中存在着同样的细胞核结构，如果能够证明细胞核确实在动植物细胞中起着相同的作用，这将是一个极其重大的发现。

1838年，施莱登发表了《植物发生论》一文。他在文中提出，无论多么复杂的植物体都是由细胞组成的，细胞不仅是一种独立的生命，还维持着整个植物体的生命。1839年，施旺出版了专著《关于动植物的结构和生长的一致性的显微研究》。他认为所有细胞，无论是动物细胞还是植物细胞，均由细胞膜、细胞质和细胞核组成。至此，综合二人的说法，最原始的细胞学说建立起来。施莱登和施旺两位性格迥异的生物学家在当时的交流碰撞中擦出的学术成果之花——细胞学说，对细胞学的发展有着划时代的意义。

---

① 活力学说主张生命的真正实体是“灵魂”或“活力”，机体是为了灵魂和依靠灵魂而存在的。

第3章

显微镜下也找不到的致病因子：病毒的发现

在大自然中，微生物的种类繁多，除了我们常说的细菌、真菌、支原体、衣原体，还有一个最微小的群体——病毒。

提到病毒，大家常常会谈“毒”色变，毕竟现实生活中存在很多可怕的病毒，如人类免疫缺陷病毒、SARS（严重急性呼吸综合征）病毒、埃博拉病毒、禽流感病毒、烟草花叶病毒……它们给人类带来了多次巨大的灾难。其实，病毒一直与人类相伴而生，甚至可以说病毒比人类的生命起源还要早得多，并且可以感染几乎所有具有细胞结构的生命体。

随着对病毒认识程度的增加，人类开始尝试利用病毒进行相关的科学研究，试图使其有益于人类。下面就让我们一起来认识这种介于生物和非生物之间的神秘“物种”，了解它们的过往与今昔。

烟草花叶病毒：人类发现的第一种病毒

19 世纪末，烟草行业发展迅速，成为很多国家的支柱产业。但是好景不长，很多地区的种植户发现，烟草叶得了一种奇怪的病，叶片营养不良，出现畸形、厚度不均的情况，长出黄绿相间的条纹，甚至有的叶片上还会出现大面积的坏死斑。叶片只要有病就无法使用，种植户因此遭受了极大的损失。他们搞不清楚烟草叶的发病原因，也找不到合适的预防手段和治疗方法，一时间一筹莫展。

这时，有人想到了法国微生物学家巴斯德的实验方法，于是他们将患病的烟草叶研磨后放在显微镜下观察是否有微生物存在，能否发现致病因子。他们先把叶片放入器皿中研磨，得到带着叶肉组织的汁水，然后在显微镜下观察这些汁水的涂片，希望能够发现细小的微生物。遗憾的是，他们什么微生物也没观察到。这是因为他们碰到的不是简单的细菌，而是病毒类的微生物，病毒比细菌要小几个数量级，无法用光学显微镜观察到。即使请巴斯德来做这一实验，他也会铩羽而归，19 世纪显微设备的先进程度还远远达不到观测病毒的水平。

虽然在显微镜下没能发现蛛丝马迹，但是人们发现如果把患病叶片的汁液涂在正常的叶片上，原本健康的叶片很快就会染病，这说明患病叶片的汁液中确实存在致病的微生物。不仅如此，把这种汁液稀释 100 万倍后涂在健康的叶片上，原本健康的叶片还是会染病，说明这种微生物的生命力极其顽强。一系列的实验让人们确信，病叶上一定存在某种致病因子，只是人们一时无法观察到它。

1879 年，在荷兰工作的德国植物病原学家阿道夫·迈耶首先发现并命名了烟草花叶病毒。1892 年，俄国植物学家伊万诺夫斯基发现烟草花叶病的致病因子可以通过细菌滤器，这是一项重要的发现，说明这种致病因子是一种比任何细菌都要小的病原体。但是当时巴斯德的病原菌学说①已经深入人心，以致伊万诺夫斯基认为烟草花叶病的致病因子也是一种细菌，只不过直径更小而已。

1898 年，荷兰微生物学家马丁努斯·拜耶林克进行了类似的实验。他发现感染了烟草花叶病毒的病叶，其滤液不仅具有连续的传染性，还能在琼脂凝胶中扩散。根据这一特点，他指出烟草花叶病的病原物（当时称病原物，与病原体是一个意思）可能是一种过滤性病毒，并且提出了“病毒”的准确概念。

拜耶林克的工作在病毒学史上是划时代的，他的理论打破了人们当时普遍信奉的病原菌学说，实现了人类对病因认知的重大突破。它标志着人类对于疾病机理的认识从感性阶段上升到了理性阶段，同时也奠定了病毒学的理论基础。

20 世纪 30 年代，科学家发明了电子显微镜。在电子显微

① 巴斯德认为，导致这些病症的根本原因是肉眼看不见的细菌，通过适当处理，可以在显微镜下看到致病细菌的原始形态。

镜下，人类第一次清楚地看到了烟草花叶病致病因子的真面目：一种杆状的、没有细胞结构的生命体，比细菌小得多，只有细菌的万分之一。1935 年，美国生物化学家温德尔·斯坦利从感染了烟草花叶病毒的病叶中提纯并结晶了烟草花叶病毒，揭示了该病毒的化学本质。每个烟草花叶病毒粒子的大小相差较大，直径一般为 10～300 纳米，平均约为 100 纳米（见图 3–1）。

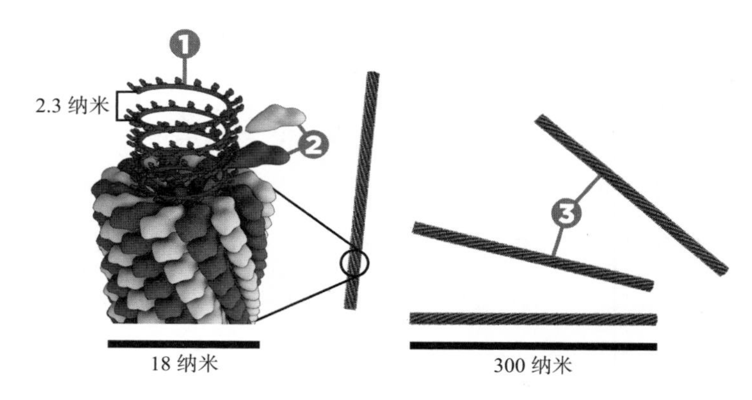

图 3–1　烟草花叶病毒的结构[5]

①核糖核酸（RNA）②壳粒　③衣壳

至此，人类才看到了烟草花叶病毒的真面目，距拜耶林克提出“病毒”概念已过去近 40 年。

三大致命病毒背后的科学探索与研究进展

朊病毒

1730 年，一种神秘的疾病在欧洲某些地区的羊群中出现。

病羊不停地在栅栏和墙上摩擦挠痒，同时出现运动失调、步态异常等症状，多在病后2～5个月内死亡，该病因此被称为羊瘙痒病。进入20世纪，羊瘙痒病仍然在英国和法国的某些农场中蔓延。人们完全不了解这种疾病的发病原因，也无从预防和治疗。

1954年，病理学家比约恩·西古德森在冰岛研究绵羊的羊瘙痒病时发现了一种病毒，该病毒潜伏时间长，病程缓慢，故被称为“慢病毒”。

1957年，美国国立卫生研究院的丹尼尔·卡尔顿·盖杜谢克在巴布亚新几内亚的福尔人部落发现了一种被称为库鲁病的怪病。这种病在临床上最先表现出的症状是协调功能障碍，随后病情会发展到痴呆直至死亡，妇女和儿童的发病率远高于成年男性。

盖杜谢克在调查时发现当地有一个独特的风俗，当部落里的人去世后，为表示对死者的尊敬，村民们会在葬礼上分食死者的遗体。在当时，死者的遗体也是食物匮乏的原始部落不可多得的优质蛋白质的来源。为了探明库鲁病是否与这种习俗有关，盖杜谢克参加了一位因库鲁病去世的长老的葬礼。按照习俗，参加葬礼的人一起“分享”了这位长老的遗体。盖杜谢克领到了一份死者的大脑，他将死者大脑的切片带回住处，将其研磨后进行了初步检查，但没有发现常见的致病因子。

1957年，盖杜谢克与著名的神经病理学家伊戈尔·克拉佐博士合作，在库鲁病患者的脑样本中观察到了大量的淀粉样蛋白，这一特征表明患者的脑组织已经变性，失去了原有的生理功能。但究竟是什么因素导致了这一现象，致病机理又是什么，科学家依然一无所知。

接下来的几年里，研究没有取得任何实质性的进展。

1962 年，美国科学家比尔·哈德洛观察到库鲁病患者的大脑和患羊瘙痒病的羊的大脑存在许多相似之处，这是科学家第一次将库鲁病和羊瘙痒病联系起来。哈德洛通过信件将资料提供给盖杜谢克，他的判断给了盖杜谢克极大的启发，并促进了其后续研究的有效开展。

1963 年，盖杜谢克和同事吉布斯合作进行动物模型实验，将从库鲁病患者体内提取的蛋白质注射到健康黑猩猩的脑中，结果黑猩猩出现了与库鲁病患者相似的症状。接下来，他们又从患病黑猩猩的脑组织中提取蛋白质，注射到另一只健康的黑猩猩的脑中，结果后者也患病了。一系列实验证明，库鲁病可以通过脑组织液传染的方式在黑猩猩和各种猴类之间连续传播。盖杜谢克通过实验初步证实了库鲁病是一种能够跨物种传播的传染病，其病原体完全不同于以往人们所知的病原体，不具有 DNA 或 RNA 的特性，因此他认为库鲁病的致病因子可能是蛋白质。

20 世纪 60 年代，英国放射生物学家提克瓦·阿尔珀曾用能破坏 DNA 和 RNA 的放射性物质处理患羊瘙痒病的病羊的感染组织，发现其仍然具有感染性，于是他大胆地推测羊瘙痒病的致病因子中没有核酸，可能只是一种蛋白质。“蛋白质是致病因子”的观点具有十分重要的学术意义，但由于该观点不符合当时公认的遗传学中心法则，所以并未引起科学界的重视。

中心法则由克里克在1958年提出，几乎就在盖杜谢克发现库鲁病的同时。中心法则是阐明遗传信息传递方向的法则，这一法则指出，遗传信息可以从DNA传递至RNA，再从RNA传递至蛋白质，完成遗传信息的转录和翻译的过程；也可以从DNA传递至DNA，完成DNA的复制过程。这是所有具有细胞结构的生物遵循的法则。同时，它也指出遗传信息不能由蛋白质传递至蛋白质或核酸（DNA和RNA）。需要特别说明的是，上文提到的烟草花叶病毒中的RNA可以自我复制，是对中心法则的补充（见图3–2）。导致库鲁病和羊瘙痒病的罪魁祸首则是朊病毒，它没有我们普遍认为的生物遗传物质——核酸。而按照中心法则，只有DNA、RNA才能指导蛋白质的合成。朊病毒是如何突破中心法则实现复制的呢？我会在后文为大家解释。

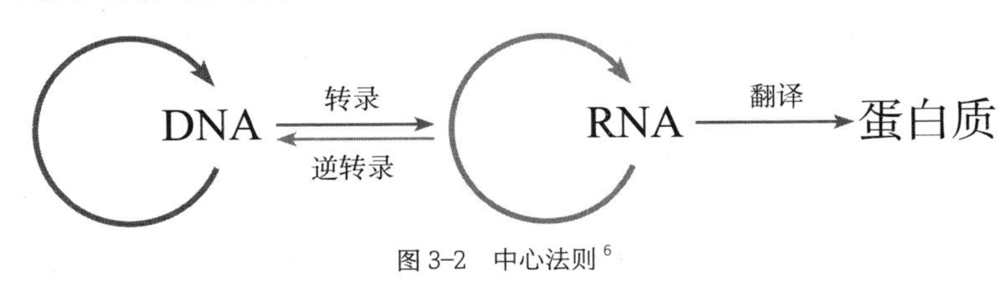

图3–2　中心法则[6]

虽然没有完全发现朊病毒，但是盖杜谢克依然凭借在库鲁病上的重大研究成果获得了1976年的诺贝尔生理学或医学奖。诺贝尔委员会在颁奖词中称赞道："用库鲁病患者脑组织中的病毒感染黑猩猩，这一发现使彻底探明库鲁病成为可能。"

在盖杜谢克研究库鲁病的20年间，有3 000～35 000人死于该病，分食死者遗体的习俗正是传播这种疾病的罪魁祸首。这一习俗也因盖杜谢克的研究而被世界卫生组织和澳大利亚政府在1959年废止，此后该疾病再也没有在新生儿中出现。

在盖杜谢克的研究基础上，美国加利福尼亚大学旧金山分校的神经学、病毒学和生物化学教授斯坦利·普鲁西纳展开了对羊瘙痒病病原体的研究。普鲁西纳在他的自传中提到，1972年，他在加利福尼亚大学的神经学系首次接触到一位感染了慢病毒的病人，这种未知的疾病引起了他的兴趣，他认为这是一个非常有前景的研究方向。在随后的一两年里，普鲁西纳查阅了所有可以搜索到的关于慢病毒的文献，并且着手进行动物实验。然而开局不利，以老鼠为实验对象费用高昂且进展缓慢，哈佛医学院一度中止了对他的资助。幸运的是，普鲁西纳得到了其他公司的资助，他随后转而以感染时间短的仓鼠为实验对象。经过长时间的努力，普鲁西纳于1982年4月在《科学》杂志上发表了他的实验结果。

普鲁西纳利用生物化学和免疫学方法，将病原体颗粒用脂质体包裹，再通过抗体层析柱吸附来进行纯化。这种方法可以使抗体和抗原特异性结合，目标病原体经特异性标记，与层析柱中对应的物质结合从而被吸附。最后，经过试剂洗脱就能得到纯化的病原体。实验证明，羊瘙痒病病原体经多种核酸酶处理后的感染能力均未减弱。而使用蛋白质变性剂等对其进行处理却可以减弱甚至消除该病原体的感染能力。普鲁西纳的研究结果还表明羊瘙痒病病原体的分子量约为 50 000 道尔顿，比当时已知的最小的感染性生物因子——类病毒还要小。因此，普鲁西纳判断它不属于核酸类病毒，而是一种新型的蛋白质病毒。

在大量实验的基础上，普鲁西纳明确指出，人的克-雅病与羊瘙痒病、库鲁病等疾病类似，同属传染性海绵状脑病，由同一种蛋白质病原体所致。为了与核酸类病毒区分，他将这种蛋白质致病因子命名为“朊病毒”。

普鲁西纳因超前的科学预测和在朊病毒研究方面独特且出色的工作获得了 1997 年诺贝尔生理学或医学奖，他也是继盖杜谢克后第二位因研究朊病毒而获此殊荣的科学家。诺贝尔委员会在给普鲁西纳的颁奖词中对他的贡献做了总结：他提出的“朊病毒能够在没有基因控制的情况下自我复制并引发疾病”的假设违反了所有传统观念，并在 20 世纪 80 年代受到严厉批评。然而 10 多年来，普鲁西纳面对压倒性的反对进行了一场艰难的战斗。20 世纪 90 年代，事实有力地支持了普鲁西纳的假设，普鲁西纳的研究彻底揭开了克-雅病、库鲁病，以及羊瘙痒病背后的谜团。最后，诺贝尔委员会高度赞扬了普鲁西纳的工作，称他发现了病毒感染的新途径，同时开创了医药研究的新纪元。

丝状病毒

在病毒家族中有一类特殊的病毒——丝状病毒。丝状病毒是致死率极高的一类病毒，主要包括两种：马尔堡病毒和埃博拉病毒。电子显微镜下的埃博拉病毒颗粒呈明显的丝状（见图 3–3）。

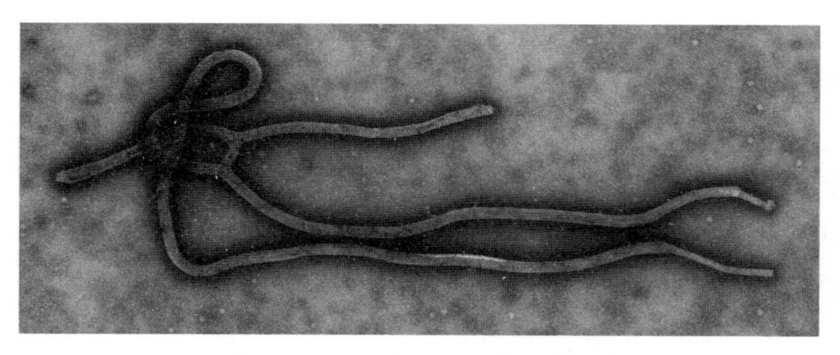

图 3–3　电子显微镜下的埃博拉病毒粒子[7]

埃博拉病毒的致死率高达 50%～90%，除了发病后的狂犬病毒，埃博拉病毒的致死率位列目前人类已知的各种病毒的致死率之首。它也是一种能引起人类和其他灵长类动物患埃博拉出血热的病毒。它有很多亚型，其中毒性最强的要数扎伊尔型，病死率接近 90%。

1976 年，在苏丹南部和扎伊尔（现称刚果民主共和国）的埃博拉河流域出现了一种急性出血性传染病——埃博拉出血热，该病随后引起了医学界的广泛关注。这种病是由纤维病毒科的埃博拉病毒引起的，主要通过患者的血液和排泄物传播，临床表现主要为发热、出血和多脏器损害。美国纽约州立大学布法罗分校的科学家成功地揭示了埃博拉病毒的家族史，它们的“祖先”拥有悠久的历史，至少可以追溯到1 600万年前。

其最早的病例可以溯源到一个名叫亚布库的小村子。村子里有一所学校，学校的校长从扎伊尔北部旅游回来后感觉身体不适，但是他没有特别在意。1976年8月26日，这位校长（也是这次感染的零号病人）开始发烧，当地医院的医生没有查出病因，于是给他开了一些奎宁，让他回家自行调养。奎宁在秘鲁文字中是树皮的意思，对疟疾等疾病有良好的疗效。回到家中调养一段时间后，校长发现自己的症状并没有减轻，10天之后的9月5日，校长因为病情加重不得不再次前往当地的一所教会医院就诊，随后其病情加速恶化，最终在9月8日去世。

这仅仅是个开端。这位校长去世后不久，在其家中照顾他的亲人及教会医院里的修女陆续发病，病人在发烧的同时会浑身疼痛，伴有呕吐和腹泻，七窍和内脏出血，最后在短时间内死亡。该病会引起我们常说的“三重杀戮”，首先是杀死病人，其次是杀死为该病人提供治疗的医生，最后还会杀死照顾该病人的亲友。

埃博拉病毒会让病人的身体内部发生“融化”，普雷斯顿在《血疫》一书中描述了这样一种可怕的感染场景："身体的每一个孔窍，无论多么细小，都会开始出血。舌头表面变得鲜红，随后腐烂剥落，死肉被吞下去或吐出来。据说失去舌头表皮的疼痛超乎想象。舌头的皮肤会在黑色呕吐物涌出时被撕掉。喉咙底部和气管外壁会腐烂脱落，坏死组织顺着气管滑入肺部，或者随着痰液被咳出来。心脏内会出血，心肌变软，出血流入心室；心脏每一次跳动，血液都会被挤出心肌，涌入胸腔，坏死的血液细胞阻塞大脑……红细胞破损死亡。血液像是在电动搅拌器里打过似的。"①

这种可怕的疾病立刻引起了人们的重视。在一位修女感染该病去世后，她的血液样本被送到了比利时的病毒研究所。当时 28 岁的研究员彼得 · 皮奥特在显微镜下看到了一种丝状病毒，这种病毒是人们从未见过的病毒类型，在好奇心的驱使下，皮奥特前往扎伊尔进行新型病毒的研究和疫情的防控工作。

来到扎伊尔之后，皮奥特发现参加病逝者葬礼的亲友会直接接触病逝者的遗体，这必然会增加病毒的传染风险。因此，皮奥特要求妥善处理病逝者的遗体，禁止其亲属直接接触遗体，并且采取了相应的隔离和保护措施，这场疫情最终被控制住了。疫情共造成 318 人患病，280 人死亡，病死率接近 90%，远超天花、霍乱、鼠疫等传染病的致死率。在病源地的村庄旁有一

---

① 普雷斯顿. 血疫：埃博拉的故事 [M]. 姚向辉，译. 上海：上海译文出版社，2016.

条埃博拉河，河流是繁衍生命的象征，当地村民认为这是上帝对他们的惩罚，因此皮奥特将引发该病的病毒命名为埃博拉病毒。

由于交通闭塞，人员流动并不频繁，第一次埃博拉疫情在短暂暴发后销声匿迹，并未引起大范围的感染。但是随着交通的逐步发达，人员流动越发频繁，埃博拉疫情再次暴发。

2012 年年底，几内亚一名 2 岁的小男孩感染了埃博拉病毒，很快便去世了。紧接着，小男孩的姐姐和母亲先后感染，并且将病毒传染给了附近村庄的人。由于这一轮埃博拉疫情的零号病人居住的村庄位于几内亚、利比里亚和塞拉利昂三国的交界处，病毒在这三个国家快速传播。2014 年 2 月，埃博拉疫情在几内亚境内暴发，波及利比里亚、塞拉利昂、尼日利亚、塞内加尔、美国、西班牙、马里 7 个国家。2014 年 11 月 19 日，据世界卫生组织统计，自 2013 年年底以来，全球已有 15 145 人感染埃博拉病毒，5 420 人死亡。

2013—2016 年，埃博拉出血热在非洲大地流行，这一次大流行的感染人数和死亡人数均超过了之前几十年的总和。世界卫生组织给出的数据显示，到 2016 年年初这次大流行结束时，埃博拉病毒在全球共造成约 2.8 万人感染，约 1.8 万人死亡。

虽然埃博拉病毒的致死率较高，但是它不能通过空气传播，前几次疫情暴发造成的总死亡人数和天花、禽流感等相比较少，因此人们对它的重视程度不高，很多公司或者科研机构都认为研发抗埃博拉病毒的药物可能导致入不敷出。

然而随着经济全球化的深入，世界各地间不过就是一趟航班的距离。形势变得严峻起来，病毒可能在一天之内就从非洲传到美洲。这不再单单是一个国家的事情，而是一个全球性的公共卫生事件。鉴于这种疾病的高病死率，研制相应的疫苗迫在眉睫。

埃博拉出血热没有特效治疗方法，主要采取对症支持的辅助治疗，比如维持水电解质平衡，预防和控制出血，控制继发性感染，维护各种脏器的功能，防止出现肾衰竭、出血等并发症。其中恢复期患者的血清与免疫球蛋白可以作为疾病暴发阶段的经验性治疗药物。

2013—2016 年的埃博拉疫情暴发让疫苗研发正式提上日程。人们期望通过将灭活的埃博拉病毒注入实验动物体内，诱导机体产生免疫反应，但是这一思路在灵长类动物的实验中以失败告终。如果用减毒活病毒直接进行人体实验，又怕对人体造成伤害，所以此方法一直没有得到实施。

目前科学界仍没有研制出广谱抗病毒药物，感染埃博拉病毒的人只能依靠自身的免疫能力进行抵抗，已有的相关治疗方法只能起到辅助效果。

2019 年，美国食品药品监督管理局批准上市了由默沙东公司研发的埃博拉减毒活疫苗，该疫苗将埃博拉病毒的一段基因拼接到水疱性口炎病毒的基因上，能为机体提供部分保护作用，这让我们看到了胜利的曙光。

艾滋病毒

在让人类谈“毒”色变的病毒中，有一种我们至今未能找到有效治愈方法的病毒——艾滋病毒。艾滋病毒又被称为“人类免疫缺陷病毒”（HIV）。由这种病毒引发的疾病叫作获得性免疫缺陷综合征，简称艾滋病（AIDS）。

艾滋病毒的发现过程可谓一波三折。世界上首个关于艾滋病的正式记录是美国《发病率与死亡率周报》在 1981 年 6 月 5 日刊载的 5 例艾滋病患者的病例报告，该报告由美国疾病控制与预防中心（CDC）发布，用于报告一周以来全美 121 个大城市中疾病发生、流行和死亡情况。当年，美国出现了一种与男同性恋群体相关的免疫缺陷综合征病例，这种病例非常罕见，病死率很高，是人们此前没有遇到过的新型疾病，这引起了人们的警觉。

其实，这种疾病并不是第一次出现，在这之前已经有相关的病例报告，但都是以其他疾病的名义出现的——一种叫作肺孢子菌肺炎，另一种叫作卡波西肉瘤。

1980 年 10 月，美国加州大学洛杉矶分校的免疫学家迈克尔·戈特利布遇到一位特殊的患者，他的口腔和食管出现了严重的白假丝酵母感染，其血液中 CD4+T 细胞的数量几乎减少至零。随后，患者出现了极度疲劳、气急、干咳、高热、大汗等症状。纤维支气管镜检查和支气管肺泡灌洗术的结果显示，这是一种极其罕见的肺炎——肺孢子菌肺炎。肺孢子菌是一种常见的病原微生物，它广泛存在于哺乳动物的肺组织内，健康的人感染后一般不发病，因此由它所致的肺炎极其罕见。一般来说，只有器官移植后使用免疫抑制剂、进行放射治疗、癌症晚期，以及患有先天性免疫缺陷病的患者会患这种肺炎。

在没有任何疾病史的情况下，这名31岁的患者为何会感染这种可怕的免疫缺陷疾病呢？医生们百思不得其解。1980年10月底，洛杉矶医生乔尔·魏斯曼又接连发现了两个肺孢子菌肺炎病例。1981年年初，又出现了两位患者，患者身上出现了大片蓝紫色的疱疹，伴有强烈的刺痛感，并发性的肺炎让他们呼吸不畅、干咳……这些症状均不能通过医疗救治缓解，患者在不久后相继去世。戈特利布意识到这是一种可怕的新型病毒，之前并没有出现过，因此他向社会发出了预警。通过调查，科研人员发现这些患者的免疫系统都出现了问题，免疫力低下，更奇怪的是，这些患者都是年轻的同性恋者。1981年，纽约大学医学院教授弗里德曼·凯恩报告了卡波西肉瘤的突然暴发，巧合的是，这一罕见疾病的患者也为青年男同性恋者。

不清楚疾病的发病原因，也无法分离出其中的病原体，也就无法进行相应的治疗。当时，医生只能采取治疗普通肿瘤的方法，安排他们去肿瘤科，将那些坏死的组织或者器官切除，以期阻止病情恶化，但是这种方法没有任何作用。

此时，男同性恋者、加拿大航空公司的空中乘务员盖尔坦·杜加进入了公众的视野。他在确诊该病后向医院提供了与他发生过性关系的人员名单。研究人员调查发现，这些人都染上了这种可怕的免疫缺陷疾病。

1982 年 9 月，CDC 正式提出了获得性免疫缺陷综合征的概念。

艾滋病还有一个重要的特点，从感染艾滋病毒到因艾滋病而死亡历时一般长达 10 余年。病毒在人体内的潜伏期为 2～10 年，患者在发病前一般没有任何症状。

艾滋病在全球的传播主要分为三个阶段：第一个阶段是 1982—1988 年的散发期，发现于中国境内的首例艾滋病患者是 1985 年 6 月在北京协和医院就医的阿根廷籍患者；第二个阶段是 1989—1994 年的局部流行期；第三个阶段是 1995 年至今的广泛流行期。

1995 年以来，艾滋病以惊人的速度在全球蔓延，严重威胁了人类的健康与社会的发展。目前，艾滋病泛滥的地方已经从原先的北美洲、西欧转向人口数量更多的亚洲、非洲和拉丁美洲。虽然联合国的报告显示与艾滋病相关的死亡人数已经从 2005 年的 190 万减少到 2021 年的 65 万，但是艾滋病的防控形势仍相当严峻。

牛痘的接种：人类第一次战胜病毒的实验

历史上，天花、霍乱、黑死病等疾病都导致了人类的大量死亡。其中天花是由天花病毒引起的一种具有高病死率的烈性传染病，天花病毒是所有人类已知病毒中最大、最复杂的一种。

考古学家在古埃及法老拉美西斯五世（前 1149 年—前 1145 年在位）的木乃伊上发现了天花脓疱的痕迹。15 世纪末，随着哥伦布发现新大陆，大航海时代来临，大批欧洲人来到了美洲地区。当时，美洲地区有 2 000 万～3 000 万的印第安土著，但是跟随欧洲人一同到来的还有腮腺炎、麻疹、黄热病、天花等传染性疾病。大约 100 年后，美洲的印第安土著只剩下不到 100 万人，其中天花带来的影响最为强烈。

现在我们回过头来看，天花病毒之所以能在历史上造成恐慌是因为除了病死率高，它的传播速度也非常快，并且可以通过空气传播。被病毒感染一周后，病毒携带者就会具有传播病毒的能力。天花病毒在唾液中的浓度最高，但患者身体的其他部位也有很强的传染性，即便是从病毒携带者身上剥离的痘痂也具有传染性。

面对天花的肆虐，人们束手无策的同时也发现了一个奇怪的现象——曾经患过天花的人一般不会再次染病。这究竟是什么原因呢？是不是患过天花便具备了免疫力？于是，一种大胆而奇特的想法出现了，从天花患者身上取出天花病毒接种给健康的人，能不能帮助未曾感染的人实现免疫呢？

中国古代的医学家也做过许多努力和探索。罹患天花的人只要幸存下来，很少会再次患病，即使再次感染，也不会有很严重的后果。因此中国古代的医者认为可以采取以毒攻毒的方法，给健康的人接种这种有毒的致病物质，帮助他们获得神秘的抵抗力。基于上述假设和实验检验，中国人首先发明了人痘接种术。

国际公认最早的人痘接种术起源于10世纪的中国。根据我国的史书记载，这一技术起源于唐朝，不过只是在民间秘密流传，并没有得到官方认可。康熙主政后，清政府加大了对天花的防治，专门设立了“查痘章京”一官以检查痘疹，并将人痘接种术列入政府计划予以推广，使此民间技术真正得到了官方认可。

当时的人痘接种术主要分为两种：一种是“旱苗法”，取天花患者的痘痂并研成粉末，加入樟脑、冰片后，吹入接种者的鼻孔；另一种是“水苗法”，在剥离下来的痘痂中加入母乳或者水，用棉签蘸取后塞入接种者的鼻孔。这两种方法的目的都是让接种者患上轻度的天花，经过医治，使人体的免疫系统获得抗体。当时，患者的痘痂被称为“时苗”（也称痘苗），无论采用“旱苗法”还是“水苗法”种痘，痘痂的毒性都相当强，因此无法保证接种者的安全。对免疫力低下的人来说，人痘接种术无异于人为地让他们染上天花。随后，医者又发明了“熟苗”接种法，这种方法选用的痘苗并非取自天花患者，而是取自接种过痘苗且已康复的人身上的痘痂，经过养苗、选炼、连续接种 7 代之后再给健康人接种，这种方法不仅有效，而且更安全。

让我们把视线转移到 17 世纪之前的欧洲。当时的欧洲居民普遍面临天花的威胁，此病传染性强、病死率高，20% 左右的患者会因此丧生，即使幸存下来也会留下严重的后遗症。天花不只在欧洲传播，还逐渐蔓延至其他地区。

1706 年，法国传教士殷弘绪在中国学到了人痘接种术，并开始向西方介绍这种技术。

1721 年，英国伦敦暴发了天花疫情，部分贵族因感染天花离世，引发了英国皇室对天花病毒的担忧。刚开始，面对疫情，大家束手无策。当时仍不成熟的人痘接种术逐渐受到了人们的重视。通过接种天然的天花病毒，部分健康者体内能产生抗体，从而对天花病毒免疫。但是这种方法对免疫力低下的接种者来说，无异于“自投罗网”。

18 世纪末，英国医学家爱德华·詹纳破解了这一难题，他发明了取牛痘脓包的液体预防天花的方法，将接种风险降到了可以接受的程度。

1773 年，在偶然的一次聊天中，一位来看病的挤奶女工和詹纳提到自己曾患牛痘，并且没感染过天花。牛痘是在牛身上出现的一种传染病，但是挤奶工经由皮肤伤口也会被感染。

牛痘有一个重要的特点——传染性不强，并且一般感染后一个月左右就可以痊愈，不会出现其他不良反应。詹纳在长期行医的过程中发现，健康的人在感染牛痘病毒之后会出现类似天花的症状，但是牛痘对人没有致死性，而且患过牛痘的人不会再患天花。因此，詹纳想，能不能摒弃之前高毒性的"人痘"，转而利用低毒性的牛痘来为人们进行接种呢？

1796 年，詹纳进行了免疫学史上的一项伟大实验，他从当地奶场的一名女工手上的牛痘脓包中取出一点儿组织液，将其接种给一位名为詹姆斯·菲普斯的男孩。不出所料，菲普斯患上了牛痘，并且很快就痊愈了。詹纳又按照计划给他接种了天花病毒，让人欣慰的是，男孩并没有因此感染天花。世界上第一例人体接种牛痘的实验获得了成功。

随后，詹纳又给 23 个人接种了牛痘，并在他们痊愈后给他们接种了天花病毒。结果说明，这些人的体内产生了能有效应对天花病毒的抗体，他们都没有感染天花。这项技术得到了全社会的认可。至此，詹纳用牛痘疫苗预防天花的方法开启了主动免疫的先河，他也因此成为"免疫学之父"。

詹纳没有把牛痘的接种方法据为己有，而是将其无私地献给了全世界。尽管如此，天花还是多次席卷了欧洲，近 3 亿人死在了天花病毒的魔爪之下。

1837—1840 年的天花疫情导致英国 41 664 人死亡。1838 年，天花超越麻疹和猩红热，成为儿童的头号杀手。1840 年 7

月，英国议会通过了推行牛痘苗的法案，法案旨在在英国范围内进一步推广牛痘的接种方法，政府为无力负担接种费用的民众免费注射牛痘疫苗。该法案禁止英国继续应用人痘接种技术，还制定了以政府为主体的牛痘接种推广计划并规定了其组织运作程序。

据记载，1977 年 10 月 26 日，全球最后一名天花患者——索马里的阿里·马奥·马丁被治愈。截至 1979 年 10 月 25 日，全球范围内整整两年没有出现新的天花患者，这一天因此被定为“人类天花绝迹日”。1980 年 5 月 8 日，世界卫生组织在肯尼亚首都内罗毕宣布，危害人类数千年的天花病毒已经被根除。除了保存在实验室中的部分天花病毒毒株，从 1980 年至今，世界各地再也没有出现过一例天花病例报告，人类已经彻底战胜了这种可怕的病毒。

蝙蝠：移动的病毒库

蝙蝠被称为“移动的病毒库”，除了南极、北极和极少部分岛屿，地球上的任何地方几乎都有它们的踪影。

作为最古老的哺乳动物之一，蝙蝠在地球上已经生存了 5 000 万年之久。蝙蝠是世界上已知唯一会飞的哺乳动物，在分类学上属于哺乳纲中的翼手目，主要包括大蝙蝠亚目和小蝙蝠亚目，一共有 19 个科，一千余个种。蝙蝠属于群居动物，小群的规模为 10 余只，大群的规模最多可达 10 万只。狐蝠科是其中最主要的携带病毒的蝙蝠种类，这一科的蝙蝠主要包括 42 个属，186 个种，由于它们主要以水果为食，因此又被称为“果蝠”。

科学家在蝙蝠体内发现了许多种病毒，包括狂犬病毒、马尔堡病毒、尼帕病毒、埃博拉病毒……到目前为止，人类已经在蝙蝠体内分离出 60 多种病毒，以 RNA 病毒为主，其中大多数对人类都有较强的致病性。为什么蝙蝠体内有这么多种病毒，它们却毫发无损呢？蝙蝠体内的病毒与蝙蝠共同生存、协同进化，似乎已经形成某种默契，达到了一种微妙的平衡。比如，日本的科学家曾发现，乙型脑炎病毒可以在蝙蝠的脑内繁殖而不会使蝙蝠发病。被誉为人类生命“黑板擦”的埃博拉病毒也可以在蝙蝠体内快速繁殖，而蝙蝠也未表现出任何临床症状。

蝙蝠能够生存至今是因为它们有一些特殊的优势。第一，蝙蝠的种群数量庞大，种类繁多，占全部哺乳动物种类的 1/5。第二，它们的飞行能力极强，活动范围广，有很强的生存适应能力。第三，蝙蝠的体温在夜间活动时可以达到 39 摄氏度，在飞行时甚至可以达到 40 摄氏度。这样高的体温能有效调动其体内免疫因子的活性，在保持自身稳定的同时，显著抑制病毒遗传物质的复制。这样的高温对其他哺乳动物来说是致命的，但是蝙蝠细胞体内的热休克蛋白可以提高细胞的耐热性以应对高热。同时，这样相对变化幅度较大的体温也使得蝙蝠体内的病毒不能稳定地复制。第四,一方面，蝙蝠DNA的自我修复能力极强，可以和体内的病毒共生而不发病；另一方面，其免疫系统强大，可以修复受损的DNA，同时对于侵入体内的病毒反应比较“温和”，给了病毒足够大的生存空间。而蝙蝠拥有的后两条优势正是其与体内病毒长期协同进化、达成微妙平衡的结果：蝙蝠对病毒的抵抗力很强，在病毒侵袭下存活率高的蝙蝠存在生存优势，留下更多后代，保留了其优势基因；蝙蝠体内的病毒对蝙蝠的毒性较弱，因为一旦宿主死亡，病毒也会随之死亡，宿主活得越久，病毒传播出去的机会越多。

那么蝙蝠是通过什么样的方式将这些病毒传染给人类的呢？ 1990年，分别暴发于澳大利亚和马来西亚的亨德拉病毒与尼帕病毒严重威胁到人类的生命安全，果蝠正是这两种烈性病毒的主要宿主。科研人员通过对1940—2004年全球335例新发传染病病例进行分析发现，其中71.8%的病原体来自野生动物，蝙蝠携带病毒的比例更是位居哺乳动物之首。

蝙蝠传播病毒的方式多种多样。吸血蝙蝠在吸入其他动物的血液时可以将体内的病毒直接传播给对方，蝙蝠传播狂犬病毒就是典型的例子。吸血蝙蝠有时还会攻击人类，但是这种情况相对比较罕见。蝙蝠自身腺体的分泌物和它们的排泄物主要以气溶胶的形式存在于空气中，也可以将病毒传播开来。据报道，曾有马匹在牧场吃草时因接触到蝙蝠的体液或者蝙蝠吃过的食物而发病。与蝙蝠相关的一些节肢动物也可以充当病毒的传播媒介。

虽然病毒能在蝙蝠体内与其共生，但蝙蝠昼伏夜出，和人类的交集很少，也不容易将这些致命的病毒传染给人类。那为什么蝙蝠体内的一些病毒还是感染了人类呢？原因主要有两点：第一，伴随着人类对环境的污染和破坏，人类和蝙蝠、蝙蝠的排泄物有了不同程度的接触，甚至有部分人开始捕食蝙蝠，增加了人类与多种致命病毒接触的机会；第二，蝙蝠体内存在大量 RNA 病毒，这些病毒有非常强的遗传多样性，重组率高，感染其他哺乳动物的能力也很强。

在我们熟知的很多人畜共患的病毒中，蝙蝠都是重要的中间宿主。那么能否将蝙蝠彻底消灭呢？答案是否定的。作为地球上的古老物种，蝙蝠有着庞大的种群，在地球的食物链中拥有重要的一席之地。蝙蝠在地球的生态链中有着特殊的作用，比如果蝠、花蜜长舌蝠可以传播花粉、帮助播种，有着稳定的生态位。与此同时，大部分的小蝙蝠亚目以昆虫为食，其中包括多种害虫。据统计，夏季每只蝙蝠每天晚上可以吞食 3 000～5 000 只蚊子或苍蝇。因此面对因蝙蝠而起的疫情，人类应该多从自身找寻原因，学会保护环境，保护野生动物，做到与自然和谐相处。

第二部分

进化与发育

在过去的时间里，科学之手对于人类朴实的自恋有过两次重大的打击。第一次是认识到我们的地球并不是宇宙的中心，而是大得难以想象的宇宙体系中的尘埃……第二次是生物学的研究剥夺了为人类特创的优越性，将人类废黜为动物的后裔。

——西格蒙德·弗洛伊德

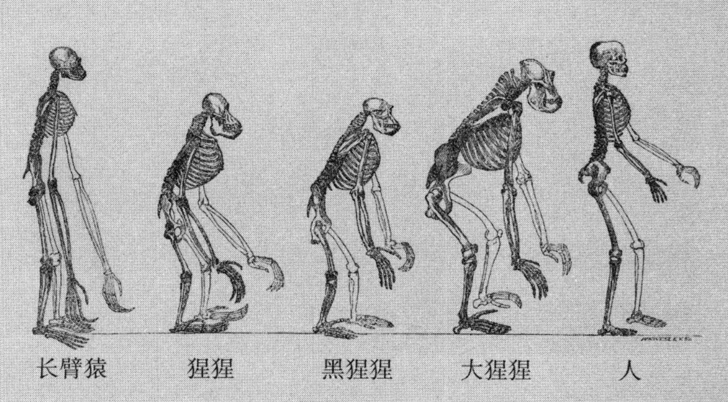

1863 年，赫胥黎所著《人类在自然界中的位置》中的插图，从左至右依次为长臂猿、猩猩、黑猩猩、大猩猩和人类的骨骼。[8]

第 4 章
进化学说的革命

随着 18 世纪技术革命和理性启蒙运动的蓬勃兴起，人们的思想逐渐挣脱宗教枷锁的禁锢，越来越多的人开始思考人类的起源问题：我们是从哪里来的？从最初的萌芽、创立、发展、成熟直至现在的完善，进化论经历了 300 余年的发展，其中的独特魅力值得我们细细品味。

林奈与动植物分类

延续此前博物学对大自然中的所有物种进行分类的思想，出生于 1707 年的瑞典博物学家林奈成为分类学的先驱。林奈的父亲是一名牧师，担任牧师在当时算是比较体面的工作。他对自己的孩子倾注了大量的心血，希望林奈能够多学习知识，从而跳出之前生活的圈子，摆脱生活的窘况。

但事与愿违，林奈从小就是个叛逆的孩子，对自己的学业并不感兴趣，却对动植物研究情有独钟。1727 年，林奈进入隆德大学学习，随后又辗转到乌普萨拉大学，接受了系统的博物学教育，培养了动手制作标本的能力。1732 年，林奈跟随探险队前往瑞典北部进行博物学考察，他在此期间积累了大量的第一手材料。

1735 年，林奈在荷兰取得了博士学位，出版了他的第一本博物学著作《自然系统》。虽然这本书只有 12 页，但是它在科学史上的地位是无可取代的。林奈在书中提出了不同以往的分类观点：应该依据生殖器官对植物进行分类。这一观点可谓石破天惊，让那些对动植物分类无从下手的科研工作者找到了工作的方向。

随后林奈不断地搜集资料，完善自己的学说，建立了生物学领域的人为分类体系和双名法。他把自然界分为三界——动物界、植物界和矿物界，之所以把矿物界单独列出来，是因为矿物是不同于动物和植物这些有机体的无机物质。

林奈不断地对《自然系统》一书进行修改完善。从第 1 版的 12 页到 1768 年第 12 版的 1 372 页，仅从页数的变化就可以看出，《自然系统》饱含了林奈对分类学最执着的贡献。图 4-1 为《自然系统》（第 6 版）中的插图。

分类学的逐步完善为生物进化学说的提出提供了知识基础和“启蒙教育”。分类学从生物学视角把各物种按照特定的条

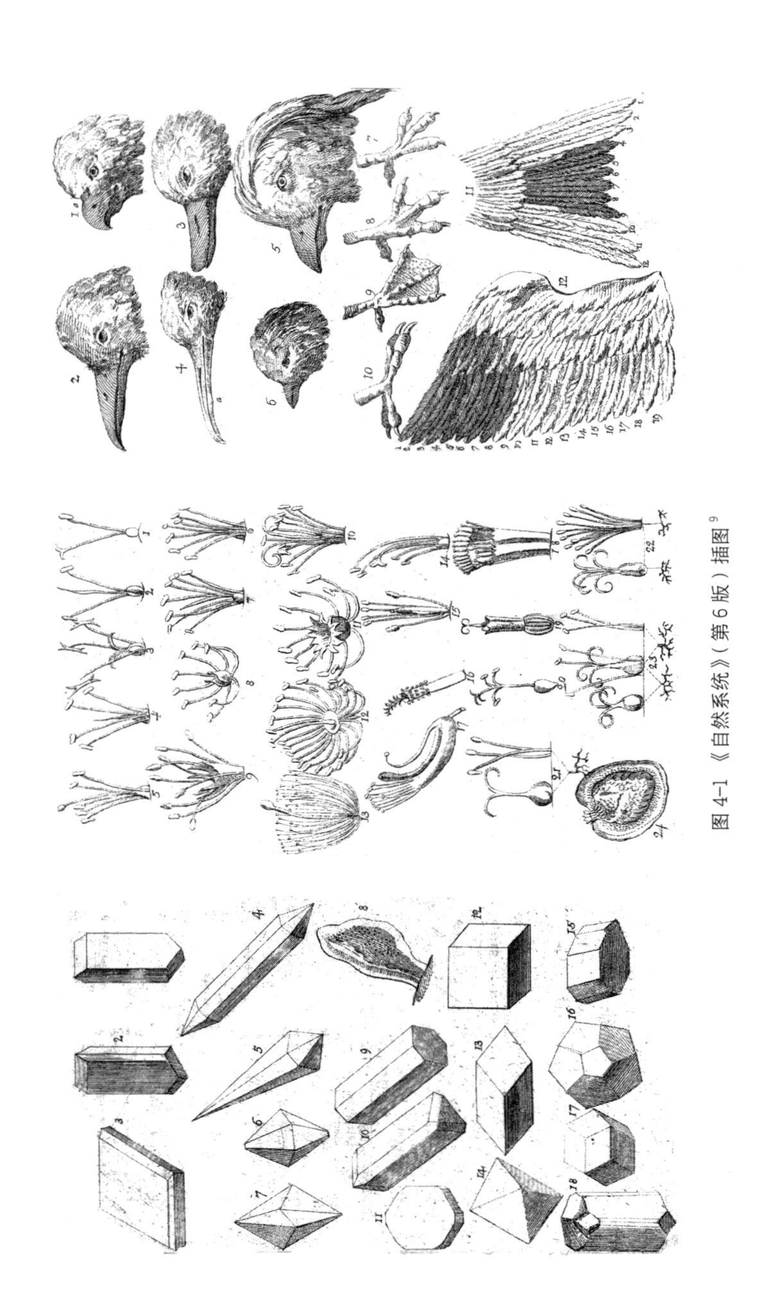

图 4-1 《自然系统》（第 6 版）插图[9]

件归纳在一起，比如按照器官的类型、排列方式等进行分类。这项繁杂且伟大的工作促使我们思考：属于同一类的物种是否拥有共同的祖先？它们之间有没有共同的特征？

看到林奈的分类学理论在欧洲广泛传播，和林奈同岁的法国博物学家布丰（1707—1788）却表示了对林奈理论的反对。布丰完成了另一本学术巨著《自然史》，并在书中配以大量插图。在这本书中，布丰阐述了自己的观点，他认为林奈所说的人为划分的界、纲、目、属、种等间断式的分类方式并不存在，自然界应该是连成一体的，并且他大胆地猜测地球的发展经历了 7 个连续的阶段。

布丰的观点有其积极意义，他开始尝试用发展的眼光看待物种，认为物种不是一成不变的，而是不断发展变化的。他坚信不存在人为的分类系统，自然界的变化是连续不断的。简单来说，布丰认为所有的物种进化都像流水一样紧密衔接、不断变化，人为地进行分类打破了这种连续变化的体系，是没有意义的。

布丰的观点有其正确之处，比如物种的发展不存在断崖式的变化，而是遵循循序渐进的模式逐步进行。但是他的错误之处在于完全否定了林奈的科学分类方式，毕竟通过系统的分类学方法，我们能清晰地找到每个物种的亲缘关系。

经过林奈和布丰的不断研究和探索，进化论萌芽的沃土已经基本形成。

悲情的拉马克

在林奈和布丰之后，第一个提出进化思想的人便是法国博物学家拉马克（1744—1829），可是他在进化论的发展史中却处在一个重要而又尴尬的位置。拉马克对进化的机制有着独特的见解，他将自己的理论汇集在一起，形成了一本长篇巨著《动物哲学》。但是他的见解一直被误认为是完全错误的，他的观点也被贴上了伪进化论的标签。

事实上，拉马克的学术成就并不比达尔文低。在 200 多年前，提出与宗教理念相悖的观点是有生命危险的。在这样的历史条件下，拉马克创造性地提出进化的思想，除了要有特立独行的科学思维，勇气也必不可少。

我们可以把拉马克的主要学术观点总结成两点：用进废退和获得性遗传。

什么叫用进废退呢？举个简单的例子，长颈鹿生活于非洲干旱地带，那里牧草稀少，长颈鹿不得不从树上摄取树叶充饥，为达到这一目的，它们会尽力向上伸展。这种习惯使得它们的脖子逐渐变长，这就是“用进”；而裸鼹鼠长年生活在地下洞穴中，由于洞穴中光线昏暗，裸鼹鼠在地下生活时并不太需要用眼睛“看”些什么，久而久之裸鼹鼠的视力便退化了，这就是典型的“废退”。

完成这种选择后，还需要有获得性遗传的支持。什么是获得性遗传呢？获得性遗传的全称是后天获得性状遗传。这是指长脖子的性状能够遗传给下一代，长颈鹿的后代一出生就有长脖子，不需要通过后天不断练习获得，即形成了稳定的进化机制。

虽然拉马克的学说后来被证明是不完全正确的，但是他的贡献是巨大的，他突破了以往神学对人类思想的干涉，开始用理性思维探索人类的起源。

无论在学术上还是在生活上，拉马克都是一个悲情人物。他一生穷困潦倒，过着饥一顿、饱一顿的日子，晚年时甚至连买墓地的钱都没有。然而贫困的生活并没有束缚拉马克的精神，他把所有的时间都奉献给了自己的生物进化理论。

在选人用人上，拉马克也遭受了严重的打击，他举荐的法国博物学家居维叶（1769—1832）对他处处刁难。居维叶是灾变论的提出者，也是一位在科学史上值得用浓墨重彩勾勒的科学家。居维叶认为，是救世主在灾难之后又一次创造了新的生命，这种唯心主义思想与《圣经》中的故事不谋而合，因此深受当时教会的推崇。居维叶受宗教思想的影响极其深远，反对一切有着进化思想的人和事，哪怕是对自己的引路人拉马克，他也毫不留情地肆意打击。而拉马克在被教会打击和压迫的过程中，也没有停止对进化真理的继续追寻。

能在此般历史条件下提出开创性的理论，在神创论和宗教思想的笼罩下迈出关键的一步，拉马克无疑为人类认识自我做出了重要贡献。拉马克在追寻学术成果的过程中展现出了清晰的条理、缜密的思维，一针见血地指出进化过程中神创论的问题所在，让处于中世纪神学笼罩下的人们得以拨云见日，初见曙光。

恐龙死于“灾变”吗

在进化论发表的前夜，社会上各种理论的交织、宗教思维的禁锢深深地影响着科学家的心，就像黎明前最黑暗的时刻，各种躁动的影像逐一登场。除了进化思想，还有德国地质学家维尔纳的水成论、英国地质学家赫顿的火成论、法国博物学家居维叶的灾变论、英国地质学家莱伊尔的渐变论等，其中居维叶的灾变论是地质学史上的重要理论。

事实上，在居维叶提出灾变论之前，就已经有不同种类的灾变论存在了。18 世纪涌现的大量灾变假说为灾变论的提出打下了基础。当时瑞士博物学家查尔斯·邦尼特（1720—1793）提出了一个观点：世界深陷周期性的大灾难中，每次灾难都会毁灭地球上的一切生物，然后重新创造出比之前更高级的生物。这就是典型的灾变学说。邦尼特甚至还预言，在未来的某次灾变后，在河狸当中会出现一个牛顿或莱布尼茨。这种听起来简直匪夷所思的观点在当时却很有市场。普通民众也对此深信不疑。

在此基础上，居维叶提出了灾变论，它在当时的人们看来是很先进的。居维叶不像其他人一样仅凭臆测，而是在大量观察材料的基础上提出观点。

居维叶的灾变理论中有其合理的部分。他根据自己多年来对古生物化石、岩层性质及地质构造的观察，用翔实的证据证明地球表面曾发生过多次剧烈的变化。他在《地球理论随笔》一书中表达了这一观点，认为很多地层都曾经发生隆起、断裂和颠覆，说明之前地球上出现过剧烈的变化。这其实就是我们现在所说的地壳运动，而这种说法是正确的。

但是另一方面，居维叶坚持物种是不变的，反对一切存在进化观念的学说，坚持与一切在学术上与自己存在分歧的人划清界限。他因为没有发现进化过程的中间环节，坚信自己的恩师拉马克的观点是错误的。

居维叶认为地球经历了多次大规模的灾难。例如，他认为每次大洪水都会毁灭当时的绝大多数物种（包括恐龙）。自然界中确实出现过很多次大规模的灾难，对恐龙的灭绝也产生了极大的影响，这种说法从理论上来说是可信的。6 600 万年前正是恐龙的全盛时代，也是恐龙占据食物链顶端的辉煌时代。一切就这样戛然而止，个中原因到目前为止仍存在很大的争议。有一种说法是，白垩纪的某一天，一颗彗星（也可能是小行星）在北美洲西部与地球相撞，击中了今天墨西哥尤卡坦半岛所在区域。这颗彗星的直径约为 9.6 千米，移动速度约为每小时 110 000 千米，比喷气式飞机快 100 倍，它撞击地球时所产生的威力相当于 10 亿颗原子弹同时爆炸。这次撞击使得地壳撕开了一道长约 40 千米的口子，直达地幔层。我们现在已经在地质板块的岩层中发现了此次撞击的端倪：在墨西哥发现的陨石坑直径大约为 180 千米，深 900 米，被掩埋在数百米的沉积岩下面。大型的撞击事件仅仅是一个导火线，伴随着撞击，大地不断震颤，地壳变化，岩浆喷薄而出，海啸随之而来，撞击的后续影响也在逐步显现。

也许当时有一些恐龙在撞击中侥幸存活了下来，在撞击发生之后，其他生活在内陆的恐龙也逐步感受到连锁反应的可怕。在接下来的一两个月甚至一两年的时间里，地球环境变得又冷又暗。撞击和火山喷发带来的各种烟尘和火山灰依旧滞留在大气中，遮住了阳光，寒冷随之而来，就像是“核冬天”，只有非常顽强的生物才能存活下来。无尽的黑暗让很多植物因为不能进行光合作用而死，植食动物的死亡紧随其后。多米诺骨牌一张张倒下，当时地球的统治者恐龙也已经感到绝望。

现在有很多人将居维叶的理论完全等同于神创论，这种说法是不正确的。他的观点更像是进化学说与宗教观点的结合体。我们应该辩证地看待居维叶。作为杰出的科学家，他在比较解剖学领域的造诣已经登峰造极，曾经利用系统性和类比性的原则提出了一套完整的动物学分类方法。他把动物界分为四门：脊椎动物门、软体动物门、节肢动物门和辐射动物门。这种分类方法基于比较解剖学理论，更符合动物之间的亲缘关系。本来顺着这一理论的发展，居维叶应该能够逐步走向进化论的殿堂，但是他受宗教思想的影响极其深远，刻板地认为进化的动力主要是灾变，最终和科学背道而驰。

获得性遗传的再兴起——表观遗传学

19 世纪末，德国生物学家魏斯曼通过他的“小鼠断尾”实验证实了后天获得性不能遗传，对拉马克和海克尔的获得性遗传理论造成了极大的打击。

魏斯曼的实验是怎么进行的呢？他找来一批雌鼠和雄鼠，在它们交配前，先将它们的尾巴全部切除。按照获得性遗传理论，这种后天获得的断尾性状是可以遗传给下一代的。可是实验发现，每只刚出生的小鼠都有尾巴。紧接着，魏斯曼继续将这些小鼠的尾巴切断，它们交配后得到的下一代小鼠依然都有尾巴……实验持续进行了几十代，结果每一代刚出生的小鼠都有尾巴，他用这一实验证明了后天获得性是不可遗传的。

拉马克的用进废退和获得性遗传理论饱受诟病，人们逐渐淡忘了这一学说。然而在不断验证孟德尔定律的过程中，又出现了一些违反经典遗传学规律的实验现象，一时间，人们倍感困惑。这也让科学家开始思考，难道在自然界中真的存在获得性遗传的规律吗？

目前，越来越多的证据表明，DNA 并不是亲代将遗传信息传递到子代的唯一载体。这样的例子有很多，包括：记忆的形成可能伴随着 DNA 甲基化的修饰；肥胖与精子、子代的体细胞和生殖细胞的表观遗传改变直接相关；男性可以通过精子将生活环境的信息传递给后代。还有一个违背经典遗传学规律的实验案例：科学家在雄鼠闻到特定香味后对其进行轻微电击，连续 3 天，每天 5 次，用来训练它对于香味的恐惧。3 天后，让其与正常的雌鼠交配，产生的后代小鼠第一次闻到这种香味的时候会比正常的小鼠更紧张。按理说，刚出生的小鼠没有经受过任何电击实验，不会对某种香味产生天然的恐惧，但是这种获得性的恐惧情绪确实经由遗传保留了下来。这就是表观遗传。

那么什么是表观遗传学呢？表观遗传学是研究不涉及 DNA 序列改变的细胞功能的稳定变化的科学，表观遗传性状则是指那些 DNA 序列没有改变，由染色体变化引起的稳定可遗传的表型。

早在 1930 年，美国遗传学家赫尔曼 · 穆勒就在研究线粒体 DNA 的结构时发现了被称为常变替换（Eversporting Displacement）的染色体重排现象[①]。在实验室中，穆勒通过对果蝇的研究发现同样基因型的果蝇在眼色上千差万别。有些果蝇

① 染色体重排属于染色体结构异常的一种，其他常见的染色体结构异常包括染色体缺失、重复和易位。

的眼睛局部区域呈红色，其余区域呈白色。当时，这种现象根本无法用传统的观点解释。

1939 年，康拉德 · 沃丁顿提出了表观遗传学（Epigenetics）一词，希望从个体发育学的角度来研究基因和其产物之间的因果关系。

1941 年，在第 9 届冷泉港定量生物学研讨会上，穆勒汇报了关于常变替换的染色体重排现象的研究成果，并首次将其称为“位置花斑效应”。他认为受影响的基因插入了“异染色质相邻区域”，从而导致该“常染色质区段”被不同程度的部分“异染色质化”，进而导致了果蝇眼色的变化。

20 世纪 50 年代以前，表观遗传学的定义相当广泛，涵盖了从受精卵到个体成熟过程中的所有发育阶段，囊括了从遗传物质到个体成形的所有调控过程。

伴随着表观遗传学的发展，科学家开始思考是什么样的共同线索将多样的真核生物从表观遗传调控的角度联系在一起。1974 年，美国生物学家罗杰 · 科恩伯格发现真核生物中的 DNA 不是“裸露的”，他的发现把这些令人困惑的实验现象联系在一起。科恩伯格发现 DNA 与特异性的蛋白质一起构成了染色质[①]。染色质的成分可以在共价修饰和非共价相互作用下形成不同的结构形态。这些修饰和染色质的变化大多是可逆的，

① 染色质和染色体是遗传物质在细胞周期不同阶段的不同表现形式。——编者注

不太可能通过生殖细胞传递给子代，也就是说这些变化并不涉及 DNA 序列本身。然而，此类不涉及 DNA 序列的变化却依然能稳定地遗传给子代，改变遗传表现。以表观遗传学中最具代表性的共价修饰机制 DNA 甲基化为例，我们可以了解非 DNA 序列的改变是如何影响后代的表型的。

DNA 甲基化就是 DNA 序列中的碱基[①] 在甲基化转移酶的催化下与甲基（$-CH_3$）共价结合。在人体的 DNA 编码中，有掌握控制基因表达（转录）起始时间和表达程度的“开关”编码，即启动子和终止子。甲基基团就像一把锁，如果把它戴在 DNA 这条长链的启动子上，转录因子就无法识别这个上了锁的启动子，进而不能与启动子中的 DNA 序列结合。通俗来讲，这种给 DNA 戴上甲基锁的活动就是 DNA 的甲基化。启动子基因段甲基化后，该基因段内的信息就无法被读取，有关基因就无法转录、翻译和表达。该现象在 1965 年被首次描述，也是最早被发现的与基因抑制相关的表观遗传调控机制。

1975 年，阿瑟 · 里格斯和罗宾 · 霍利迪提出 DNA 甲基化可以解释 X 染色体的失活现象。1980 年，阿龙 · 拉辛和里格斯进一步提出 DNA 甲基化是最早发现的与基因抑制相关的表观遗传机制。

DNA 甲基化对表型的影响也很快得到了实验证实。遗传

---

① DNA 由 4 种碱基组成：腺嘌呤（A）、鸟嘌呤（G）、胸腺嘧啶（T）和胞嘧啶（C）。其中腺嘌呤和胸腺嘧啶配对，鸟嘌呤和胞嘧啶配对。——编者注

学家埃玛·怀特洛用遗传背景完全相同的自交系小鼠为材料，观察小鼠皮毛颜色的变化。怀特洛发现后代小鼠的毛色表现为黄色与各种颜色的杂合，它们的表型在很大程度上受母鼠的毛色影响，而与父鼠无关，主要取决于母鼠控制皮毛颜色的基因 agouti 上游调节 DNA 片段的甲基化程度。

以上种种遗传现象都表明 DNA 并不是唯一的遗传信息载体，至少有一部分表观遗传修饰是可以被遗传的。1994 年，霍利迪重新定义表观遗传学为：不依赖 DNA 序列差异的核继承性。

总结一下，表观遗传学有以下三个主要特点：一是可遗传性，二是可逆性的基因表达，三是不涉及 DNA 序列的变化。

表观遗传学领域一直在快速发展。1998 年，欧盟启动“表观基因组学计划”和“基因组的表观遗传可塑性”研究计划；2004 年，表观遗传学第一次作为主题出现在第 69 届冷泉港定量生物学研讨会上；2010 年，国际人类表观遗传学合作组织（IHEC）在巴黎成立。

正如遗传学家所说，“我们可以继承 DNA 序列之外的内容”，而“人也绝不仅是基因的简单累加”。更多、更复杂的遗传机制仍在等待着人类的探索。

第5章
重新认识进化论

在经历了激烈的思想碰撞后，华莱士和达尔文各自提出了进化的思想，为布满阴霾的天空带来了一缕理性的阳光。两人的观点与宗教神学的观点相悖，遭到强烈反对。在进化理论传播的“三驾马车”达尔文、海克尔、赫胥黎的共同努力下，进化的思想才最终获得绝大多数人的认可。

达尔文和华莱士：进化论背后的合作与竞争

1809年，达尔文出生于英国的一个书香门第，祖父是一位赫赫有名的医生和博物学家，父亲也继承了祖父的衣钵，成为一名医生，母亲是科学团体的成员。这样优良的学习氛围并没有让达尔文对科学产生浓厚的兴趣，他在其他人的眼里是一个不学无术的纨绔子弟。

1831年，22岁的达尔文迎来了自己生命中的重要转折点。在多方努力下，他以博物学家的身份登上了“小猎犬号”，开始了长达5年的环球科考和地图绘制工作。在实际工作中，达尔文搜集到大量的实物资料。他还在船上阅读了英国地质学家查尔斯·莱伊尔撰写的《地质学原理》，莱伊尔在书中提出的均变论让他意识到在一个漫长的时期内，缓慢、渐进出现的细小变化最终能造成巨大的改变。进化论先驱们关于物种进化的思想逐步占据了他的头脑。达尔文开始尝试利用自己环球旅行的优势，用自己搜集到的例证去验证这个尚处于初级阶段的假说，同时他也在思考，是否可以利用手头的资料建立起全新的进化理论。

当时社会上被广泛认可的物种起源理论是教会宣扬的神创论。神创论认为，每个物种都是由上帝亲自创造的。面对已经传播很久且鲜有人质疑的神创论，事实就是回击它最好的武器，而达尔文已经做好战斗的准备。

达尔文在厄瓜多尔的科隆群岛发现了大量的象龟和地雀，分布在不同岛屿上的象龟和地雀存在或多或少的区别。比如，不同岛屿上的地雀在体形、颜色、食性、鸟喙上各不相同。这用神创论是解释不通的——上帝怎么会有时间一种一种地创造出这么多各不相同而又属于同一种类的生物呢？真相只有一个：生物是逐渐进化的！

深深触动达尔文的还有各种地质形态的变化。例如，他在位于智利境内的安第斯山脉中海拔 3 657 米处发现了大量海蛤类的化石，验证了现在的山顶原先也曾经是海底，说明自然界也在逐渐变化，进而佐证了莱伊尔的均变论的正确性。由于发现了这些化石，达尔文对神创论充满了质疑，他更加确信进化论的观点才是对的。

科考回来后，达尔文着手进行写作，他将自己关于物种进化的观点和考察途中遇到的物证资料结合在一起，用事实论证自己的想法。1859 年 11 月 24 日，其划时代的作品《物种起源》出版。在《物种起源》一书中，达尔文用大量翔实的证据论证了“物种是渐变的”这一观点，也证明了生物是在不断进化的。达尔文认为，自然界可以在相对较长的时间里挑选出与自然环境相适应的物种，也就是我们常说的“物竞天择，适者生存”。

实际上，进化论的发现应该归功于两位科学家，这一理论是由两个人各自独立提出的，除了达尔文，还有出生于 1823 年的英国博物学家、地理学家和社会评论家华莱士。他在 1858 年年初，即《物种起源》出版的前一年给达尔文寄来一篇论文——《论变种无限地离开其原始模式的倾向》。在这篇论文中，华莱士详细阐述了物种进化和自然选择的原理。可以说，华莱士是先于达尔文系统地提出进化论雏形的。

华莱士的经历和达尔文的有诸多相似之处，华莱士曾经在马来群岛度过了 8 年，在考察过程中，他通过大量的化石证据和物种形态学方面的证据得出了“物种是逐渐进化的”这一结论。在拉马克和莱伊尔的进化论思想及马尔萨斯的《人口原理》的影响下，华莱士独立提出了一整套进化理论。这可以说是世界上第一套完整的进化理论，他将其写成论文的时候，达尔文的著作尚未完成。

这一年华莱士 35 岁，在科学界还尚属小辈，为了能让科学界了解并认可他的观点，他把文章寄给了当时已经小有名气、年过半百的达尔文。面对华莱士寄来的论文，达尔文震惊了。多么相似的观点，多么熟悉的表达，多么相近的内容！惊讶之余，达尔文甚至想放弃自己后续的写作，毕竟华莱士的很多观点和自己的观点不谋而合，并且还写成了文章寄给自己。在这种情况下，莱伊尔主持了公道，他一直对达尔文的工作有所了解，不愿意看到达尔文多年来的辛苦化为乌有，也不愿意埋没年轻人的思想和才华。他主张同时发表华莱士的论文和达尔文的提纲，这一两全其美的方法帮达尔文争取了更多时间，毕竟达尔文的论著资料更翔实，记录也更准确。

1859 年，达尔文的巨著《物种起源》出版，真正奠定了他“进化论之父”的地位。由于《物种起源》中例证充足、资料翔实，人们容易忽视华莱士的开创性贡献。客观地说，进化论是他们二人共同创立的。

在科学史上存在很多对达尔文的指责，甚至有人认为达尔文剽窃了华莱士的观点。对于这种观点，我并不认同。华莱士的确早于达尔文提出了进化论的观点，但是华莱士并未形成完整的进化论理论体系。达尔文在长达 5 年的旅行过程中收集了大量化石证据，也记录了更加翔实的物种演化资料，这些都是华莱士的论文中缺乏的。达尔文的文章、旅行笔记等也佐证了这一点。

达尔文和华莱士就像两个手握同一建筑蓝图的工程师，只不过达尔文拥有更丰富的物料准备，前期准备工作更复杂，因此华莱士的大厦比达尔文的提前竣工。但无论如何，两人对进化论蓝图设计的贡献都是不容忽视的。

达尔文、海克尔、赫胥黎：进化论的“三驾马车”

绘画大师海克尔

海克尔（1834—1919）是 19 世纪末德国著名的博物学家，除此之外，他还是艺术家和美术家，他在绘画方面的成就对《物种起源》的快速传播起到至关重要的作用。

《物种起源》出版后，并未在欧洲掀起进化论的热潮。达尔文非常焦急，这时候，他遇到了海克尔。1866 年，达尔文和海克尔第一次见面。当时海克尔才 32 岁，而达尔文已经 57 岁，在学术界有了一定的声望。达尔文和海克尔一见如故，在谈论到如何能快速地传播进化论时，海克尔认为仅用文字来解释深奥的进化论观点很难直观地打动大众，不如图画来得直接。

海克尔承担了这一将文字转化为图画的重任。他的画作非常精美，将细节之处展现得栩栩如生。不同于其他平面绘画，海克尔从多个角度将各种生物绘制得活灵活现，完全可以媲美当今的3D立体图。他的很多作品都被收入教科书，成为经典之作，至今无人超越。

1866年，海克尔在《有机体的普通形态学》中运用形态学和生物学知识，大胆地绘制出第一棵“进化树”。他根据生物体间亲缘关系的远近，把各类生物安置在有分支的树状图当中，以植物界、原生生物界、动物界划分了所有生物的“谱系”，据此说明不同属种的遗传路线。达尔文一方面为海克尔在进化论普及方面所做的巨大贡献感到高兴，另一方面也对海克尔在学术上的冒进感到些许担忧。

同年，海克尔赴英国会见了达尔文、赫胥黎和莱伊尔，尽管他们讨论了《有机体的普通形态学》英文版的出版事宜，却未能达成一致。直到1868年，达尔文在致海克尔的信件中含蓄地表达了对《有机体的普通形态学》的看法：

“为了您那本伟大的著作英文版向您祝贺……这个消息令我感到由衷喜悦……赫胥黎告诉我，您同意删去和压缩某些部分，我深信这样做是高明的……我确实相信，每本书在压缩以后几乎都可以得到改进……您的大胆有时令我发抖，但是正如赫胥黎所说，一个人必须有足够的胆量才行。虽然您完全承认地质记录是不完整的，但赫胥黎和我还是一致认为，有时您是颇为轻率的。”[①]

有时，海克尔在绘画过程中为了追求视觉效果，会掺入一些个人的主观臆断。其中最有代表性的就是海克尔提出了重演律的假说，并绘制了一幅关于重演律的绘画作品。

海克尔并没有在严格的事实和实验基础上提出这一假说。他在 1872 年首次使用“重演律”的名称，并且对生物重演律做了进一步解释，他认为个体发育就是系统发育的短暂又迅速的重演，这是由遗传（生殖）和适应（营养）的生理功能决定的。

一开始，海克尔的重演律仅针对动物胚胎的发育过程，但是他最终认为这一定律是一切生物发育研究的最高规律。仅根据“高等动物的胚胎与低等动物的成体相似”就得出这一结论，似乎显得过于草率。海克尔在追求模式图的艺术性表达时，模糊了科普与科研的界限，牺牲了对具体标本的忠实呈现，这也成为他后来被诟病的重要原因。

“达尔文的斗犬”

另外一位功勋卓著的博物学家是赫胥黎。作为英国著名的博物学家，他在古生物学、海洋生物学、比较解剖学、地质学

---

① 达尔文. 达尔文进化论全集（第一卷）[M]. 叶笃庄，孟光裕，译. 北京：科学出版社，1994.

等领域皆有贡献。赫胥黎获得了剑桥大学、牛津大学等学校的荣誉博士学位，曾任英国皇家学会秘书、会长。由于他在进化论传播过程中的重要作用，赫胥黎被称为“达尔文的斗犬”“魔鬼的门徒”“公共知识分子”。

赫胥黎曾骄傲地宣称自己是“达尔文的斗犬”，正在磨利自己的爪牙，以备保卫《物种起源》这一高贵的著作。他在1861年与牛津教区的主教塞缪尔·威尔伯福斯进行了一场著名的论战，这一战使他被视为达尔文进化论的忠实支持者，在进化论的普及、宣传和维护方面做出了卓越的贡献，他也因此与达尔文、海克尔一起被称为进化论传播的“三驾马车”。

早在1860年2月，赫胥黎就在大不列颠皇家研究院的演讲中公开支持达尔文的进化论，而此时的进化论并未在与宗教的斗争中占据上风。在随后的一两个月中，赫胥黎与威尔伯福斯主教和理查德·欧文进行了激烈的论文论战。同年6月，在英国科学促进会的第30届年会上，欧文又与赫胥黎进行了激烈的争辩。欧文认为大猩猩的大脑与人类的大脑之间的差别要比大猩猩与其他动物之间的差别更大，但是赫胥黎认为并非如此。在6月30日的动植物组会场上，威尔伯福斯主教傲慢地转向他的对手，大声地说，自己想知道那个声称人与猴子有血缘关系的人，究竟是他的祖父还是祖母是从猴子变来的。面对这种带有人身攻击性质的责难，赫胥黎冷静地进行了反驳，称他并不因为有一个与猴子有血缘关系的祖先而感到羞耻，让他感到羞耻的是，他正与利用宗教偏见压制、混淆真理的人站在一起。这个故事后来经常在教材中被引用。

赫胥黎对达尔文的理论的绝大多数内容是完全赞同的，他认为达尔文采用的研究方法不仅符合科学逻辑，而且是唯一合理的方法。他在文章中写道："达尔文先生的工作方法完全符合穆勒先生的原则。在归纳方面，他已经通过观察和实验努力地发现了大量事实，他从这些事实材料出发进行推理，通过把他的推论与自然界中观察到的事实进行比较来检验这些推论的正确性。"①

赫胥黎不仅是达尔文学说的拥护者，还是杰出的生态伦理学家。他在伦理学与哲学研究方面的成就甚至超过了达尔文。他主张生物进化和宇宙演化的历史统一，率先提出以伦理学为指导，要尊重产生生命的原生自然界，注意保护好人类赖以生存的地球。赫胥黎的著作《进化论与伦理学》的前半部分经过我国近代著名学者严复的翻译，成为著名的《天演论》，在中国产生了巨大的影响。通过"物竞天择，适者生存"这样贴切的话语，赫胥黎将达尔文进化论的核心思想透彻地表达出来。赫胥黎清楚地看到，进化论正面临一场严峻的科学的考验。赫胥黎始终相信，达尔文对人类起源的解释是合乎真理的，林奈把人类在哺乳类动物中归于灵长类是有根据的。

① Huxley. Evolution and Ethics, and Other Essays [M]. New York: The Macmillan Company, 1938：123-125.

赫胥黎在 19 世纪 60 年代就人猿分类问题一共做了 6 次不同主题的演讲，他的工作使人类个体发生学的研究迈出了历史性的两大步。其一，他通过对灵长类物种的骨骼进行解剖学比较，绘制了猿类与人的骨骼比较图谱（见图 5-1），有力地说明了人类与猿类在哺乳动物进化的阶梯上居于最高位置，确定了人类与猿类的血缘联系是猿类长期进化的结果。其二，他开启了人脑与猿脑比较研究的新篇章。通过解剖对比，他发现人脑和猿脑具有相似的结构，很可能存在进化上的亲缘关系，因此他率先提出了“人猿同祖”的观点。

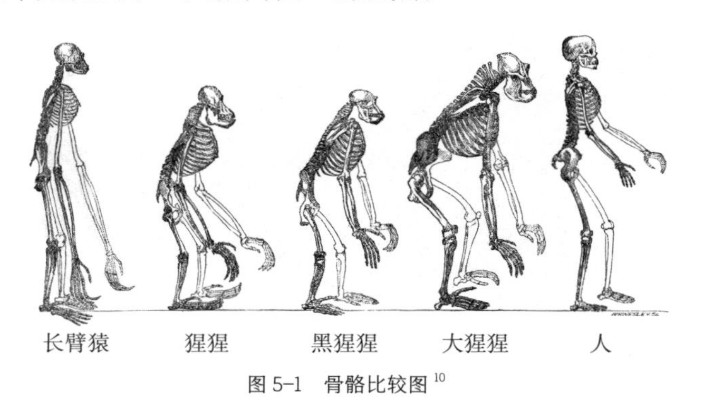

图 5-1　骨骼比较图[10]

但是赫胥黎和达尔文的观点并非完全一致，他们在关键问题上的看法存在分歧。在英国科学界，“假说”在很大程度上是一个贬义词，它并不能作为解释自然的真实原因，往往与推测联系在一起。而“理论”则被认为是在解释自然现象的真实原因。达尔文一直在努力说服他的支持者将自然选择视为一种“理论”，也在尽力打击他的批评者将自然选择贬低为“假说”

或者“推测”的行为。赫胥黎坚决地将自然选择称作“假说”造成了他们之间的矛盾，但两人并没有在公开场合起过争执。赫胥黎更像是一个逻辑实证主义者，他认为那些陈述一般规律的命题需具有可证实性，而且它们只有在被经验证实之后才能被真正接受，而达尔文更像是一个奎因[①]式的逻辑实用主义者，在强调经验事实重要性的同时，倾向于接受贯通论的真理观。

虽然达尔文、海克尔、赫胥黎三人的观点在某些方面并非完全相同，但是经过这“三驾马车”的推动，进化论逐渐在社会上引起了广泛的反响，并且开始从思想根源上触动宗教理论的核心本质，这些都为未来进化论的流行奠定了坚实的基础。

进化论：在争议中发展完善

达尔文也解决不了的难题

进化论的提出无疑是科学史上的一件大事，但是达尔文在进化论提出之初便遇到了前所未有的挑战。

第一个难题关于地球年龄的测算，是物理学家开尔文提出的。根据“热力学之父”开尔文从热力学角度进行的计算，地球的年龄只有几千万年。这样的时间长度对进化论来说无疑是杯水车薪。大自然几乎不可能在这么短的时间内完成物种的自

① 奎因是美国分析哲学家、逻辑学家，逻辑实用主义的代表。——编者注

然选择。面对这样的质疑，达尔文无法给出合理的解释。

第二个难题来自英国爱丁堡大学工程学教授弗莱明·詹金。他提出新的、小的变异会在与个体的正常交配中被完全淹没，即自然选择产生的微小变异会在大量个体的交配中被稀释。简单来说，就是父母所具有或产生的优势，可能无法在子辈中体现出来。

面对这两个问题，达尔文无法给出令人信服的回答，这使他陷入深深的痛苦与迷茫。

其实，疑问是科学不断进步与发展的高效催化剂。现在我们再去琢磨这两个问题，已经不会感到困惑。对于第一个用热力学方法计算地球年龄的问题，当时开尔文勋爵在计算中忽略了地球内部的热量，所以他计算出的结果远远小于地球的实际年龄。第二个关于微小变异在正常交配中被淹没的问题则能用孟德尔的遗传学理论来解释。

除此之外，还有很多达尔文曾尝试解答但解释不了的问题，比如我们经常提到的寒武纪大爆发。

按照地质年代单位，我们可以将地球的发展时期划分为宙、代、纪、世、期。其中显生宙的古生代从老至新可以分为6个纪，分别是寒武纪、奥陶纪、志留纪、泥盆纪、石炭纪和二叠纪。寒武纪距今大约5.42亿至4.85亿年。在寒武纪最初的1 000万～2 000万年间，地球上突然出现了物种的爆发式增长。英国地质学家罗德里克·莫企逊发现，整群物种在寒武纪初期同时出现。芝加哥大学古生物学家塞普科斯基认为，这是一种爆发性的S形曲线增长模式。

按照达尔文的物种进化理论，所有物种都应该是按照进化的逻辑循序渐进地发展的，那为什么物种会在寒武纪初期出现指数型的爆发式增长呢？这对进化论来说完全是一种打击。

考古学发现的事实更倾向于支持物种是呈爆发式突然出现的，而不是按照进化的逻辑逐渐形成的。而且在先前的岩石地层中没有发现能与绝大多数物种对应的化石证据，这表明物种的诞生是有一定突发性的。

达尔文面对这样的质疑哑口无言，因为按照进化理论，物种演化的过程缓慢，化石会保存不同历史时期的证据，但遗憾的是，在各地层中，人们一直没能找到对应的化石。达尔文对此的解释是：受限于技术手段，我们还没有找到相应的化石证据，但是这并不代表这种化石不存在，可能在更古老的地层中是存在化石证据的，只是我们没有挖掘到罢了。

这种说法显然没有说服力，直至今天，也没有多少实证能支持达尔文的解释，人们也没有在寒武纪之前的地层中发现更多的生物化石。

那么对于这个问题，现在的学者是如何解释的呢？

美国学者斯蒂芬·杰·古尔德在《自达尔文以来：进化论的真相和生命的奇迹》一书中提到，S形曲线增长模式发生在开放、无限制的系统中，那里的食物充足、空间足够大，前寒武纪的海洋形成帮助构建了这种“空旷”的生态系统。空间广阔，食物丰富，没有竞争者，原核生物的祖先不仅提供了直接的食物，还通过光合作用使大气中有了氧气。

综上，第一，经过长时间的累积，原始的大气中已经有了一定量的适合生物生存的氧气，为原始生命的孕育和诞生创造了先决条件；第二，在原始的海洋中，藻类的大量繁殖让生物有了更多食物。这两个条件使寒武纪大爆发成为可能。

除了以上达尔文难以解释的问题，社会对于进化论还存在多个方面的质疑。例如，从大灭绝时期地层的恐龙化石来看，为何恐龙灭绝的时间跨度长达上万年乃至几十万年？难道这种地质性的灾难不是瞬间发生的吗？为何一些体型较小的物种依然存在？例如，有些大型鳄类灭绝了，而多个科的小型鳄鱼生存了下来。诸如此类的问题，达尔文都无法用其理论诠释，最终他带着遗憾离开了人世。这些悬而未决的难题给后人的研究指明了方向，以一步步地完善进化论。

不是“生物进化”？

达尔文晚年时，大家开始接受“物竞天择，适者生存”的进化论思想。随着时间的推移，进化论在被逐渐完善的同时也受到来自多方的挑战。

对进化论进行完善的是综合进化论。比如，达尔文认为个体是进化的主体，但是综合进化论认为种群才是进化的主体，个体的数量太少，不能保证将性状稳定地遗传下去，种群中的大量个体则可以对稳定遗传起积极作用。

1968年，日本进化生物学家木村资生提出了中性理论，这对进化论来说是一项近乎颠覆性的挑战。他依据核苷酸和氨基酸的置换速率，提出了分子进化中性学说：绝大多数突变都是中性的，对生物体的生存既没有好处，也没有坏处，因此针对这些中性突变不会出现自然选择和适者生存的情况，对生物进化没有太多影响。中性突变主要包括同义突变和非功能性突变。生物的进化主要是中性突变在自然群体中进行随机的遗传漂变的结果。当两个小群体从一个大的种群中分离出来，且它们之间不存在生殖关系时，也就是当两个种群存在生殖隔离时，遗传漂变就有可能发生。分子进化中性学说现在已经基本得到学术界的认可，这一学说的出现无疑对进化论产生了巨大的冲击。

客观上说，因为生物的进化源自突变，而很多突变都是中性的，所以用“生物进化”这个短语显得不那么贴切，用“生物演化”可能更加准确。

除了分子进化中性学说，来自化石方面的证据也对进化论中物种渐变的思想提出了挑战。按照进化论的说法，经过漫长的演化，各个时期动植物的演化过程都能在对应时期的岩石地层中找到化石证据。但是令人费解的是，化石中的证据链条大多是缺失的，也就是说这些问题无法从化石角度得到完美解决。最典型的例子来自始祖鸟，始祖鸟既有鸟类的特征，又有爬行动物的特征。这个事实可以用来佐证鸟类由爬行动物演化而来的观点，但是人们并未在始祖鸟和爬行动物之间，以及始祖鸟与鸟类之间发现任何中间形态的化石，这让坚定的渐变论者从心底开始动摇。那么物种究竟会不会有跳跃式的发展变化呢？

现实中有很多能够佐证物种发生跳跃式变化的例子。从物种的数量上来看，现存的物种只有原先物种总数的十万分之一到千分之一，绝大多数物种都已经灭绝。比如超过半数的恐龙就是在二叠纪的一次物种大灭绝中消亡的。因此物种的灭绝可以看成对渐变论的有力驳斥，这种灭绝完全是突变式的。

迄今为止，关于进化论的争论依然存在，进化理论也在逐步发展和完善。科学发展的历程中没有任何一种理论可以做到毫无瑕疵，它们都是在质疑和驳斥中发展完善的。

红皇后假说

自然界中有一种非常奇特的现象——有些生物进化出了一些华而不实的特征。比如，雄孔雀的巨大尾羽虽然能在求偶中发挥一定的优势，但是这种特征增加了它们被捕食的风险；公鸡要想维持大而漂亮的鸡冠，需要大量的睾丸素，但高睾丸素水平可能会对公鸡的寿命产生负面影响……这些特征都是不利于生存的，为何会在长期的进化过程中被保存下来呢？

在进化中还有一个很常见的问题：在生物体的生殖策略上，

无论是生殖速度，还是生殖的难易程度，无性生殖都比在生物进化过程中出现的有性生殖好得多，那么无性生殖的方式为什么没能在进化中占据主流地位呢？

关于这个问题，有过哪些不同的声音？

曾经有人认为，有性生殖模式不仅没有必要，而且会造成生物进化方面的大灾难。鞭尾蜥拥有两种不同的生殖方式——有性生殖和无性生殖。在无性生殖的鞭尾蜥中，每只雌性蜥蜴都可以自行生产小蜥蜴。雌性蜥蜴会骑在另外一只雌性蜥蜴的身上，咬住它的脖子，和它缠绕成一个圈，同时模仿雄性蜥蜴交配时的动作。这可能是在刺激雌性蜥蜴产卵，这种卵不需要受精就会自动分裂，形成胚胎。这样的生殖方式有其特定的优势：生殖速度快，生殖难度小。

如果我们让无性生殖的蜥蜴和有性生殖的蜥蜴一起生活，那么无性生殖的蜥蜴的种群数量一定能很快压倒有性生殖的蜥蜴，因为有性生殖的蜥蜴在交配时需要花费更多的精力，雄性为了获得雌性的青睐需要进行竞争，还会发出鸣叫声，而这会引来捕食者，增加被攻击的风险……这一切都在告诉我们，有性生殖的方式一定会在与无性生殖的斗争中处于下风，甚至有很多研究人员指出性的代价极其高昂。

在这样的环境中，有性生殖的缺点这么多，为什么生物还会进化出这种机制呢？

原来，性可以保护我们免受病毒和寄生生物的影响。

卡尔·齐默在《演化的故事》一书中假设存在一个很大的池塘，在这个池塘中有一群无性生殖的鱼类（A 族），在不发生突变的情况下，每条鱼都和自己的母亲拥有完全一样的基因型。一旦突变产生，就会演化出不同于上述鱼群的鱼，它独特的基因会传给后代，形成独立的、数量较少的一族（B 族）。这时，有一种致命的寄生生物入侵鱼池，扩散后还会不断变异，形成不同种类的寄生生物。其中如果有一种寄生生物因其特定的突变形态，适合攻击池塘中最主要的鱼类（A 族），由于这些鱼类都是无性生殖的，它们的基因层次单一，没有办法有效抵御这种寄生生物的攻击，很容易在与寄生生物的抗争中彻底处于下风。当它们完全消失之后，B 族鱼就会因不受寄生生物的干扰而种群规模激增，在池塘中占优，有了演化的契机，没过多久，另一种适合攻击 B 族鱼的、较为稀有的寄生生物又会大量繁殖，将 B 族鱼消灭。这之后又会有 C 族鱼取代 B 族鱼，周而复始，陷入循环。

1973 年，美国芝加哥大学进化生物学家利·范·瓦伦借用《爱丽丝镜中奇遇记》中红皇后颇有哲理的回答提出了“红皇后假说”——在环境条件稳定时，一个物种的任何进化都可能构成对其他物种的竞争压力，即使物理环境不变，种间关系也可能推动生物进化。这一假说可以解释物种间复杂的相互作用和相互依存的协同进化关系导致的诸多现象。在《爱丽丝镜中奇遇记》的故事里，红皇后带着爱丽丝拼命奔跑，结果仍在原地，红皇后说：“你瞧，要想停留在原地的话，你就得用尽全力拼命奔跑！”这就好似池塘里的鱼，寄主和寄生生物都经历了长期的演化过程，却没构成任何长期的变化，仿佛在原地不动一般。

而在两性生殖中，父母双方的基因会发生重组，产生几十亿种基因型，寄生生物虽然仍然可以袭击有性生殖的鱼，但由于鱼群的个体基因型差异较大，不再能使整个鱼群陷入数量激变的恶性循环，整个种群的稳定性由此得以维护。

第 6 章
胚胎发育的历史观点与现代研究

预成论和渐成论

人类究竟从何处来？从最早的预成论和渐成论开始，人类的起源就成为重要的话题。当时，人们对科学知识知之甚少，提出了很多我们现在看来匪夷所思的观点，从自然发生说到精源论、卵源论、渐成论……人们似乎并没有找到通向正确理论的大门。在实验胚胎学建立之前，人们对人类起源的认识经历了长时间的艰难摸索。那么，最初的关于人类起源的理论究竟是怎样的呢？

早在公元前，亚里士多德就针对动物胚胎的不同部分和动物各种结构形成的原因提出了自己的观点。亚里士多德曾拿来二十几个鸡蛋，让几只母鸡同时进行孵化。从孵化的第二天开始，他每天都会敲碎一个鸡蛋，观察鸡蛋的状态。通过这种原始的方法，他发现胚胎的发育有自己独特的步骤，会经历不同的形态变化。他首先提出了“胚胎是逐渐发育形成的”的观点。这种理论后来被称为渐成论（也称后成论）。当时，这种理论的影响很大。

但到了公元 17 世纪后期和 18 世纪，以精源论和卵源论为代表的预成论（也称先成论）逐渐占据了统治地位。精源论认为微小的个体预先存在于精子中，卵源论则认为这种微小的胚胎雏形是事先存在于卵子中的。这两种学说的共同点在于都认为胚胎是成体的雏形，是配子中本来固有的结构，胚胎发育仅仅是原有结构的增大。这两种学说还认为卵子中含有所有后代的微小胚胎，一个世代包含下一个世代，使种族得以延续。

而追根溯源，这种预成论的思想起源于一位在科学史上有着重要贡献的科学家——列文虎克。在显微镜制作和微小物体的观察上，他的地位无人可以撼动。列文虎克在观察昆虫繁殖的时候，发现某些特殊的昆虫繁殖时不需要受精，雌性昆虫自身即可繁殖出下一代。据此，他认为所有生物体都可以通过雌性动物的卵直接发育而成。在当时的科学条件下，人们不可能清楚地了解动物无性生殖这一现象背后的真相。列文虎克根据实验观测到的结果进行相关的推测是合理的，他的推论获得了当时很多人的支持。

如果说精源论和卵源论的争执只是内部矛盾，那么预成论与渐成论的分歧则算得上是敌我矛盾。

在预成论发展得如火如荼的时候，德国胚胎学家卡斯帕尔·沃尔夫（1734—1794）在学习了大量的自然科学知识后，深感预成论缺乏严谨性，对这一观点产生了根本的怀疑。1759年，沃尔夫发表了论文《发生理论》，详细阐述了自己关于渐成论的观点。沃尔夫在论文中指出，在正在孵化的鸡卵中，可以观察到一种由许多泡囊组成的透明的半液体物质。随着鸡卵的孵化，这种物质会逐渐生长为鸡的身体结构，最终发育为成体。胚胎发育中的每一部分都是先前的另一部分的产物，同时也是之后的其他部分的起因。1766—1768年，沃尔夫又分三个部分发表了论文《肠道的形成》。他在高等动物胚胎中发现了一种被称为沃尔夫管（中肾管）的结构，这种结构在胚胎发育的过程中最先出现，但动物的成体中却找不到这一结构的踪影。沃尔夫的这一发现有力地说明了动物的器官并不是在卵中预成的，而是由简单的组织分化成复杂的结构，逐渐发育而成。可惜沃尔夫的渐成论的观点并不符合当时教会主张的主流观点，他的观点在当时被忽略和误解了，并没有唤醒科学界的同人和被教会愚弄的民众。他能在社会普遍认可预成论的情况下坚持渐成论的观点着实难能可贵，抵御教会和其他顽固派的诋毁和进攻更是需要超出常人的毅力。

传男不传女？性别之争与伴性遗传

在很早之前，古人就对生男生女有自己的见解，其中就包括古希腊哲学家亚里士多德。亚里士多德是一个传奇式的人物，他对各个领域都有所涉猎，甚至在某些方面，他的很多观点已经达到可以左右科学发展进程的地步，以他的名望，很多人都会跟风认同他的观点。

亚里士多德在生男生女方面也提出了自己的观点。他认为，在生儿育女的过程中，胚胎是由月经血凝结而成的，精液在胚胎选择中起决定性作用。当男子精液质量好的时候，就会生出男孩；当男子精液质量不好的时候，生出来的就是女孩。希波克拉底则认为，不论是人还是其他动物，后代的性别都取决于卵巢，精子与右侧卵巢所产的卵子结合后会生出男孩，与左侧卵巢所产的卵子结合后会生出女孩。盖仑也认同这一错误的观点。同时，他还认为男性的睾丸在生男生女的过程中也起决定性作用：与卵子结合的精子来自右侧的睾丸，生出来的是男孩；来自左侧的睾丸，生出来的是女孩。

现在看来，这些观点是可笑的，但是在当时，这些科学界的名人都是这么认为的，科学文化素养不高的普通民众更是把这些观点当作真理去接受。他们的观点中有一个有趣的共同点是都觉得右侧代表男孩。这是因为在亚里士多德和盖仑的年代，人们以右为尊，在当时男性至上的大环境中，这是一件顺理成章的事。

而在现代遗传学中，有一种非常有意思的、和性别高度相关的现象——伴性遗传。

伴性遗传主要有以下三种类型：X 连锁显性遗传，主要的特点是父亲患病女儿必患病，儿子患病母亲必患病；X 连锁隐性遗传，主要的特点是母亲患病儿子必患病，女儿患病父亲必患病；Y 连锁遗传，主要的特点是父亲传给儿子，儿子传给孙子。

外耳道多毛症就是一种典型的 Y 连锁遗传病。如果一个家族中有一位男性患病，那么他的儿子一定会患病，孙子也会患病。这种疾病的特征很明显，男孩进入青春期后，外耳道会长出 2～3 厘米的成丛黑色硬毛，长度能伸至耳外。不发生基因突变的话，这一性状会持续在家族的男性中传递。

色盲也是典型的伴性遗传病，具体为 X 连锁隐性遗传病。色盲是指缺乏或完全没有辨别色彩的能力。假设一位母亲是色盲，致人色盲的基因为 a，正常基因为 A。由于遗传方式为 X 连锁隐性遗传，她的基因型只有为 X_aX_a 时才会发病，而由于男性基因中只 有一条 X 染色体且一定来自母亲，她的儿子一定会从她那里获得一条基因型为 X_a 的染色体，进而一定为色盲。

这些遗传病的传递都有各自不同的特征，因此我们必须对这些内容有清晰的认识，然后在此基础上进行优生优育的选择。

第 7 章
微生物世界的探索与实践

微生物学的发展起源很早，但在初期并没有形成一个完整的体系，存在很多现在看来漏洞百出的观点。在当时的历史条件下，这些观点左右了科学界很多年。

“微动体”的命名

在科技并不发达的 19 世纪，很多人都在疑惑除人之外的生物来自何方，是自然发生的，还是由其他物种演化而来的。这些问题深深地困扰着当时的科学家。

最早支持自然发生说的人包括亚里士多德。这位公元前 4 世纪的伟大哲学家的观点决定了很多人对这一问题的看法。他认为物质是自然发生的，甚至给各种物质的来源编制了一个目录。他认为任何物质的繁殖都需要“热量”，这种热量是最关键的。高等动物是通过“动物热”产生的。低等动物是在雨水、空气和“太阳热”的共同作用下从黏液和泥土中产生的，比如晨露和黏液或者粪土共同反应就会生成萤火虫、蠕虫、黄蜂，而黏液会自然生成蟹类、鱼类、蛙类，老鼠则是由潮湿的土壤生成的。这些观点现在说出来也许会被大家嘲笑，因为大家大多具备基本的科学常识，但是在当时却被认为是普适的真理。

很多著名的科学家都支持自然发生说。除了亚里士多德，牛顿也曾为自然发生说摇旗呐喊，他甚至认为植物是由能量逐渐变弱的彗星的尾巴形成的。受益于这些巨匠在学术领域的巨大成就，有了他们的支持，自然发生说的产生和传播变得更有“市场”。

海尔蒙特是17世纪著名的化学家和生物学家。他在32岁时获得了医学博士学位，最主要的贡献在化学方面，他将原先带有迷信色彩的炼金术向化学方向进行了转化。他最早发现了二氧化碳，认为木头等物质燃烧后得到的是野气，也就是我们现在所说的二氧化碳。海尔蒙特的工作是突破性的，但是他在自然发生说上摔了一个大跟头。

很多人发现，在环境很脏的地方容易出现老鼠和苍蝇，所以想当然地认为老鼠和苍蝇是在肮脏的环境中自然产生的。海尔蒙特就曾提出把糠和破布塞进一个瓶子里，将瓶子放在阴暗的床底下，瓶子里就会生出老鼠和苍蝇。现在想来，其中的漏洞很多。比如我们怎么能排除这些老鼠和苍蝇不是从外界进来的呢？实验的环境不是完全封闭的，即使是封闭的，这些没有经过消毒的、肮脏的破布上也可能原先就有苍蝇的卵，在合适的温度之下，这些卵很有可能被孵化出来。

微生物究竟是什么时候被命名的？这一直是大家很关心的问题。这里我们不得不再次提到列文虎克和他在显微镜改进方面做出的卓越贡献。

可以说微生物学的发展和显微镜制作技术的进步息息相关，没有技术手段上的进步，人们根本无法观察到这些微小的生物。

列文虎克用放大倍数达到 200 倍的显微镜观察了雨水、污水、血液、精液、酒、醋、牙垢等多种实验材料，在显微镜下第一次发现了微生物。他惊奇地发现，原来肉眼看不到的地方居然还有这么多微小的生物，甚至还有一些纤毛虫。刚开始，他把这些肉眼观察不到的生物称为"肮脏的小动物"。为了能给这些"游动"的微小生物体一个合适的定位，列文虎克将它们命名为"微动体"，并且公开发表了这一"自然界的秘密"。这是人类首次为微生物命名。

虽然人们发现了这些小生物，但是它们究竟有什么作用，当时没有人能给出具体的答案。列文虎克不仅发现了这些微小的生物，还敏锐地察觉到它们的数量极其庞大，它们在人类肉眼看不到的地方默默地生活着。列文虎克在 1675 年观察雨水时曾说："生活在荷兰的全部人数，还没有我嘴里的小生物多。"①

---

① 张大可，贾东瀛. 影响世界历史 100 名人 [M]. 北京：华文出版社，2004.

由于列文虎克的性格比较保守，他不太愿意将自己的学术成果与他人分享，只是沉浸在自己的学术发现中。遗憾的是，其他微生物学家没有他手中的高倍显微镜，无法观测到这些“微动体”，因此对列文虎克的研究结果抱有强烈的怀疑。尽管被众多同行质疑，列文虎克仍不为所动，他在 1717 年给好友赫尔曼 · 布尔哈夫的信中说：“我知道我是对的。”

微生物先知巴斯德

1822 年诞生了两位生命科学领域的巨擘，一位是遗传学之父孟德尔，另一位则是路易斯 · 巴斯德。巴斯德是法国著名的微生物学家和有机化学家，在免疫学、发酵学、结晶学，以及微生物学等方面做出了杰出的贡献，后人更是将他誉为微生物学之父。在他光辉的一生中，他凭借自己的天分、努力和对科学的热情，创造了一个又一个令世人瞩目的成就。

神奇的发酵实验

提到微生物学就没有办法避开著名的曲颈瓶实验。这一载入史册的实验就是由巴斯德设计并完成的。巴斯德对自然发生说深恶痛绝，认为这种理论是一种蒙蔽大众的说法。因此，他想通过一个严谨的科学实验来证明自然发生说是错误的。

我们都知道这样一个事实：长时间放置的牛奶、肉汤、菜肴等要是不反复加热至沸腾，很快就会变质。在自然发生说的支持者看来，苍蝇和霉菌等都是从肉汤、牛奶等物质内部自然发生的，跟外界环境没有关系。

起初，巴斯德设计了一个简单的实验，他先在一个瓶子里装上肉汤，将肉汤加热煮沸后备用。这一步杀死了肉汤中的微生物，保证了实验开始时的瓶中没有微生物。然后巴斯德用棉花堵住瓶口，并用抽风机将空气注入瓶内，使得进入瓶内的空气都是经过棉花过滤的。不一会儿，他惊奇地发现棉花变黑了，这间接地说明空气中存在很多人类肉眼看不见的微生物和悬浮的固体小颗粒。

几天后，瓶内的肉汤没有变质，说明微生物并不能在肉汤这样营养丰富的环境中自主产生，即生命不能自然发生。但是这一结果依旧无法说服自然发生说的支持者。

这一实验的严谨性有待提升。于是，巴斯德进行了对照实验——验证微生物是由空气带入的。巴斯德在对照实验中撕下一片用于堵住瓶口的棉花，将其扔入瓶中。不出几天，肉汤就变质了，这说明微生物的产生与外界环境有关。

有了这个简单的实验作为铺垫，巴斯德开始了他精心设计的、流传至今的曲颈瓶实验。他依旧以肉汤为实验材料，把肉汤装在一个圆底烧瓶中，随后加热煮沸，以保证实验开始时肉汤中没有从外界带入的微生物。他把这个烧瓶的瓶颈放在火上烤，等玻璃软化后，把瓶颈拉成弯曲的细管。瓶口因此变得很小，可以阻挡外界小颗粒的进入。这样的曲颈瓶既能连通瓶内与外界环境，又能确保肉汤不被外界环境污染——瓶颈有好几个呈波浪状弯曲的部位，颗粒物会沉积在弯曲部位的底部，最大限度地阻止微生物进入肉汤存放的位置。

按照巴斯德的设想，如果微生物是自然发生的，那么不久后烧瓶中就会有生命出现，但是一周过去了，没有动静，两周过去了，依然没有动静……这一实验充分说明了微生物自然发生的说法并不可靠。

随后，巴斯德把烧瓶长长的曲颈打掉，尝试着喝了两口肉汤，发现肉汤的味道很鲜美，完全没有变质。随后巴斯德将肉汤暴露在自然环境中，没几天肉汤就变质了，这说明微生物是由空气带入的，而不是自然发生的。

除了著名的曲颈瓶实验，巴斯德还做过一个葡萄园实验，虽然没有曲颈瓶实验这么广为人知，但是在微生物学发展史上仍然有着一席之地。

葡萄园实验是为了反驳法国生理学家克劳德·伯纳德的观点而设计并进行的。伯纳德认为，葡萄的发酵过程不需要活的酵母菌的参与，即发酵的过程是自然发生的，但是巴斯德认为这种说法是错误的，他认为发酵过程必须有微生物的参与，其中一定少不了酵母菌。

因此，巴斯德找到一处葡萄庄园作为实验场所，将整个葡萄庄园建成一座温室，与外界环境彻底隔离开来，保证了整个实验的科学性。在葡萄成熟后，不让它们接触酵母菌，以观察在纯自然环境中葡萄能否发酵。结果在意料之中，整个葡萄园的葡萄都没有发酵，即使是成熟直至烂掉，甚至是风干，葡萄都没能完成像添加了酵母菌一样的发酵过程。这个实验也证明了自然发生说是站不住脚的。

事实是平息争论的利器。得益于实验的帮助，在和伯纳德的这场论战中，巴斯德又占据了上风。

巴斯德之后，在发酵原理的研究方面做出实质性贡献的是德国生物化学家爱德华·布赫纳。刚开始，他的研究并不是针对发酵设计的，而是为了研究动物的消化条件，但是实验中的一个偶然发现改变了布赫纳的研究计划，也加速了发酵原理的发现进程。

1897 年，布赫纳开始着手研究动物体内的消化情况。为了准备相关的实验材料，他将细沙、硅藻土和酵母一起研磨，以确保酵母细胞破碎失活。为了不影响动物实验的结果，获得汁液后必须进行防腐处理，而最方便的办法是添加防腐剂。当时可以选用的防腐剂有很多种，布赫纳选用防腐剂的唯一要求是不能在动物实验的过程中产生副产物，于是他选择了常用的蔗糖，这一不经意的选择促成了他的成功。由此，发酵过程的神秘面纱被逐步揭开。

实验完成后，布赫纳没有及时处理剩下的提取液。隔了几天，他意外地发现这些失活酵母细胞的提取液居然能引起溶液发酵，这是人类第一次观察到在没有活酵母的情况下的发酵现象。按照以往的观点，发酵现象出现的前提是要有具有完整结构的活酵母细胞参与，而实验液体是在酵母被研磨成碎片后发酵的，这打破了之前科学界固有的观点——只有在活酵母细胞存在的情况下才能出现发酵反应。布赫纳把实验用的提取液称为“酿酶”，从此开启了研究没有活细胞参与的发酵过程的新纪元。

在酿酶被发现后的一段时间内，动植物体内的糖类代谢成为当时研究的热点。因为动植物体内参与糖类代谢的物质是一致的，所以布赫纳猜测动植物体内可能存在相同的代谢途径。为了找到发酵过程中究竟存在多少中间步骤，他设计了酵母汁液发酵实验，但是进展并不顺利，因为糖类的酵解过程是连续进行的，很难分离出中间产物，即使检测出部分产物，这部分产物也会随即进入下一步生化反应，如何区别各种产物和确定反应的顺序成为研究的难点。虽然上述问题现在可以通过核磁共振波谱法或者添加酶抑制剂等现代实验手段解决，在当时却是一个难以逾越的鸿沟。

困难并没有阻止布赫纳前进的步伐，他准备首先研究发酵过程的前几步。20 世纪初，他进行了多次实验，但最终都因为反应速度过快，无法检测中间产物而难以继续推进。实验陷入了僵局。幸运的是，机遇还是垂青于不懈努力的他。有一次，他无意中往实验物里添加了氟化物，发现添加这种化学物质可以阻碍下一步发酵过程的推进，随之而来的便是中间产物的累积。氟化物会导致上一步反应的产物 3-磷酸甘油酸的累积。后来，英国生物化学家亚瑟·哈登（1865—1940）等人发现氟化物可以抑制 1，3-二磷酸甘油酸转移高能磷酸基团形成 ATP（腺苷三磷酸），同时抑制 3-磷酸甘油酸转变为 2-磷酸甘油酸，这也解释了为何氟化物具有阻碍发酵过程进入下一步的作用。这时的实验液体本质上是上一步反应的代谢产物，通过检测就可以了解代谢产物具体是什么。

于是布赫纳继续思索能否通过不断添加不同物质阻断下一步反应的发生，使上一步反应的产物得以不断累积，检测这些累积物即可知道上一步反应的产物具体是什么。不断重复这一步骤就能了解整个发酵反应的过程。然而不同的反应需要不同的酶催化，每种酶的抑制物也是不同的，布赫纳当时还不知道这些反应的催化酶是什么，对寻找相应的催化酶抑制物更是无从谈起，只能依靠不断地随机更换无机小分子抑制物来摸索、尝试。虽然这种方法效率很低，但是经过不懈的努力，他弄清楚了整个发酵反应的过程。他所采用的实验方法是其成功的关键，这种方法与后来常用的酶抑制法有异曲同工之妙。他创造性的工作给后人的研究提供了思路。

乳酸杆菌和胡椒病蚕

在巴斯德声名鹊起的年代，法国的造酒业在欧洲已经小有名气，尤其是啤酒，味道芬芳且口感醇美，逐渐成为法国的支柱产业。但当时法国的啤酒行业存在一个致命的难题，啤酒在储存和运输的过程中容易变质，口味会变酸，这样的变化使啤酒商损失惨重，而大家一时又找不到问题所在。

有人想到了巴斯德，向他讲述了啤酒在酿造、储存和运输上存在的问题，巴斯德当时就判断，一定有不知名的微生物在其中作祟。他取来已经变质的啤酒，在显微镜下仔细观察，发现啤酒中出现了成片的细棍状的细菌，即我们现在所说的乳酸杆菌。正是这些乳酸杆菌让啤酒不断变酸腐败。

找到元凶后，巴斯德开始寻找能够消灭它们的具体方法。他不断地尝试不同的杀菌方法，希望找到一种既能简单便捷地消灭细菌，又不会让成本增加的方法。杀菌方法如果过于费钱和费事儿，就不能顺利地推广。他将腐败的啤酒灌入瓶子，泡在水中分别加热到不同的温度，想看看在什么温度条件下、持续多长时间可以杀死这些细棍状的细菌，同时又不破坏啤酒原有的风味。

功夫不负有心人，经过一系列实验，巴斯德发现只要将啤酒放置在六十摄氏度的环境中半个小时，就能够杀死啤酒中的细菌，同时不会破坏啤酒原有的风味。这一方法成本不高，操作起来也很简单，巴斯德对自己的方法充满信心。

可惜事实并未如其所愿，这个简单的方法推广时处处碰壁。其中有两个原因：一是人们很难相信只需要简单地把啤酒加热到六十摄氏度并保持半小时，就能解决长久以来困扰大家的难题；二是啤酒商对增加一道工序十分抵触。然而随着时间的推移，人们发现这种被称为“巴氏消毒法”的方法人力和财力成本最低，又最有效，因此最终还是普遍采纳了这一方法。

经过这件事，巴斯德挽救了法国的啤酒业，也为法国经济的复苏立下了汗马功劳。巴斯德在微生物学领域的奠基者地位已然确立。

法国不仅啤酒业发达，蚕桑业也是其重要的支柱产业，然而蚕瘟每年都会导致上亿法郎的损失。蚕在患病后会把钩状的脚伸出来，身上长满棕褐色的斑点，就像被撒上了一层胡椒，因此这种病也被人们称为“胡椒病”。

当地人绞尽脑汁采取了各种各样的方法，包括泼洒硫黄粉、用酒和煤油熏蒸等，均收效甚微，甚至有人尝试用电给蚕治病，但是效果依然不佳。这种疾病就像一片巨大的乌云笼罩在养蚕人的头顶上，整个法国的蚕桑业都岌岌可危。

巴斯德临危受命，开始寻找治疗这种蚕瘟的方法。他把健康的蚕和病蚕进行对比，发现除了外观上的区别，二者在其他方面并没有明显不同，而外观上的区别要等到蚕孵化出来才能显现，但这样就为时晚矣。这时，巴斯德发现了二者的另一个不同之处：健康的蚕在咬食桑叶时会发出沙沙的声音，病蚕则不会。为了弄清楚其中的缘由，巴斯德把病蚕加水磨成糊状物放在显微镜下观察。他发现病蚕体内存在一个个椭圆形的棕色微粒，而健康的蚕的体内没有这种微粒。巴斯德认为应该从源头出发进行思考，蚕是由卵孵化出来的，而卵又是由蛾产的，所以必须通过可靠的方法选出健康的蛾子产出的健康的卵。

他让当地的养蚕户把交配过的雌蛾放在一小块麻布上产卵，再把产完卵的蛾子固定在麻布的一角。之后，他将已经产卵的蛾子磨成糊状放在显微镜下检查，如果观察到致病微粒，就说明这些卵都已被感染，全部用大火焚烧即可。这样就可以简便地辨别健康的卵和已被感染的卵。将健康的卵交给养殖户，培育出来的蚕就没有胡椒病了。此番事先甄别能有效避免养殖户财力物力的损耗，巴斯德又挽救了法国的蚕桑业。

微生物的早期应用探索

我们在生活中经常会吃一些罐头食品，那么罐头是如何产生的？它和微生物学研究究竟有什么样的联系呢？

首先要介绍的是法国微生物学家路易斯·乔布劳特（1645—1723），他通过对纤毛虫的研究，发现食物的腐败和空气中的微生物有关。他做了一个非常巧妙的实验。乔布劳特准备了一系列烧瓶和培养皿，将它们分成相同的两组后分别倒入煮好的培养基，一组加盖放置，另一组不加盖放置。过了一段时间，他发现加盖放置的培养基没有出现腐败变质的情况，没有加盖的培养基几乎都腐败了，所以他认为微生物来自空气中的悬浮物。

不久后，法国博物学家布丰和英国微生物学家约翰·尼达姆（1713—1781）表达了不同的观点：无论是否煮沸、加盖，培养皿和烧瓶中都可能出现微生物。他们通过开展相似的实验，发现一些加盖的培养皿和烧瓶中也有微生物出现。

该如何解释这样的实验结果呢？

意大利博物学家斯巴兰让尼（1729—1799）站了出来。他指出，问题的关键在于加热时间，某些“高等的微生物”稍经加热就会被杀死，但是有一些非常小的家伙在沸水中煮近一个小时也不会死。

一些批评者认为，斯巴兰让尼对培养基的处理过于苛刻，致使“生命力”被折磨得离开了有机物，而这正是培养基不会发生腐败，没有出现微生物的原因。这种说法现在看起来很荒诞，但是在当时颇受认可。

谁知道，解决这些争论的不是生物学家，而是化学家。法国化学家盖-吕萨克（1778—1850）通过自己的实验证明，经过消毒的器皿中的培养基因为缺少氧气而不会腐败。这说明，如果我们对原先的实验器皿进行消毒，营造一种微生物无法生存的环境，就能使食物保存的时间变长，这给罐头食品的面世扫清了理论上的障碍。

当时正值法国大革命期间，法国社会动荡不安，战火四起。部队行军打仗需要行之有效的保存食物的方法，拿破仑甚至为此公开重金悬赏。法国厨师尼古拉·阿佩尔发明了气密式食物保存法，赢得了这笔奖金。他把食物放在干净的玻璃瓶中，用软木塞和铁丝将瓶口封紧，随后将瓶子放在沸水中加热，再用蜡密封瓶口，以起到杀菌和保鲜的作用。这样的方法记载于 1810 年出版的图书中。虽然阿佩尔也不清楚为什么这样操作能够起到食物保鲜的作用，但是他的操作方法在无意中打开了罐头食品加工行业的大门，罐头产业从此宣告诞生。

科赫法则

德国细菌学家科赫（1843—1910）在微生物学领域做出了重要的贡献，他一直对微生物学研究抱有极大的热情。他建立起微生物学实验操作技术体系，提出了确定病原微生物的科赫法则，他在微生物学领域的贡献完全可以比肩巴斯德。

科赫出生在德国，兄弟姐妹共有 13 人，在这么庞大的家族中，科赫的性格显得特别安静。他与巴斯德的性格不同，巴斯德被誉为“一位斗士，始终拿着武器战斗到只剩最后一个敌人”，科赫则显得与世无争，他没有巴斯德那么强大的语言功底和高昂的演讲热情，但是这并不妨碍他在微生物学领域取得傲人的成绩。

1866 年，23 岁的科赫从哥廷根大学医学系毕业，来到柏林夏里特医学院学习临床医学。在这里，他遇到了著名的细胞病理学之父微耳和（1821—1902），并选修了微耳和的课程。

科赫在艰苦的条件下巧妙地设计了很多简单、易行、可靠的实验方法，开发了染色、显微摄影、固体培养基分离纯化、悬滴培养等技术。值得一提的是，他发现琼脂可以作为培养基的凝固剂，琼脂不仅性能稳定，而且表面十分适合各种微生物生长。科赫发现的这一系列生物学实验方法和操作技术为微生物学的快速发展奠定了基础，也为推动微生物学成为一门重要的独立分支学科做出了重要贡献。

随后，科赫开展了对烈性传染病的病理学研究，包括炭疽病、结核病、霍乱。他首次分离获得了炭疽杆菌、结核分枝杆菌、霍乱弧菌等病原菌，提出了近50种治疗相关疾病的方法，因此他也被视为医学微生物学研究的开创者。

科赫于1880年被德国柏林帝国卫生局聘用，1885年担任柏林大学卫生学教授和该校生理学研究所所长。1882年，科赫发现了引起肺结核的病原菌。1883年，他在印度发现了霍乱弧菌。1897年，他研究了鼠疫和非洲锥虫病，发现了这两种疾病的传播媒介分别是虱子和舌蝇。在科赫工作的地方，有牛群患了炭疽病，他对这些病原菌进行了研究。科赫在牛的脾脏中找到了引起炭疽病的细菌，他把这些细菌移植到老鼠体内，使老鼠感染炭疽病，最后又从老鼠体内重新分离出和牛身上相同的细菌。这是人类第一次用科学的方法证明某种特定的微生物是某种特定疾病的病原菌。科赫还利用血清培养基在动物体外成功分离出这种致病菌。

通过大量实验，科赫制定了确定病原微生物的科赫法则。该法则包括以下要点：（1）在患病动植物体内大量存在一种可疑的微生物；（2）可以从患病动植物体内分离纯化获得这种微生物，并在培养基中进行培养；（3）将在培养基中培养得到的病原微生物接种至相同品种的健康动植物体内，能诱发健康动植物出现与患病动植物相同的症状；（4）从人工接种诱导发病的动植物体内可以再次分离出原有的病原微生物。

科赫法则为鉴定动植物的病原微生物提供了一整套标准方法，一直沿用至今。在科赫法则的指导下，19 世纪 70 年代到 20 世纪 20 年代成为发现病原微生物的黄金时代，人们在此期间发现了近百种病原微生物。而在发酵工业中，如果出现发酵异常，也可以利用科赫法则寻找和确定病原微生物。

以身试菌的马歇尔

列文虎克发明显微镜后，细菌进入了人类的视野。细菌是一类体积微小、结构简单的原核生物，对生存环境要求低，无处不在。细菌与人类的生活息息相关。人体肠道中也存在诸多细菌，这些细菌在一般情况下属于对人体无害的共生菌，如大肠杆菌。但是当肠道黏膜溃烂时，这些细菌就有可能侵入肌体，导致疾病的出现。丹麦细菌学家革兰（1853—1938）于 1884 年发明了革兰氏染色，为观察和研究细菌提供了便利。

胃病是一种常见疾病，它与细菌有没有联系呢？由于胃酸的存在，胃液内的 pH 值（氢离子浓度指数）在 1.68 左右。长期以来，人们一直认为细菌在强酸环境中难以生存，因此始终没有人考虑胃病与细菌的相关性。

1940 年，美国哈佛医学院的 A. 斯通 · 弗里德伯格在约 40% 的胃溃疡和胃癌病人的病理切片中观察到一种螺旋状细菌，首次证实了胃中有细菌存在。受当时实验条件的限制，他未能对这种细菌进行深入的研究。然而 1950 年，沃尔特 · 里德国家军事医学中心的爱迪尔 · 帕尔默对 1 000 余个肠胃病人进行活体组织检查的时候却没有发现这种螺旋状细菌。帕尔默在研究报告中指出：胃中一般是不存在细菌的，除非有污染物进入。由于胃病致病机制的复杂性和检测技术的差异，存在不同的观察结果是完全可能的。在此后很长一段时间内，学术界的主流观点都是胃中存在的细菌是由环境污染所致。

30 年后，西澳大学的罗宾 · 沃伦和巴里 · 马歇尔在胃病与细菌相关性的研究中取得了重大突破。

沃伦 1937 年生于南澳大利亚州首府阿德莱德，他长期从事临床病理学研究工作。通过胃镜观察并结合切片银染色的方法，他发现有大量的螺旋状细菌存在于病人的胃中，这些细菌藏匿于胃黏膜中以抵御胃酸的侵蚀，并使下层的黏膜始终处于炎症状态。鉴于以往采用常规方法治疗的胃病极易复发，沃伦采用抗生素对病人进行治疗。这种治疗方法使病人的胃病症状得到缓解，甚至痊愈，从而证实了细菌与胃病的相关性。

马歇尔 1951 年生于西澳大利亚州的卡尔古利。1978 年从医学院毕业后，马歇尔为了学习做开放式心脏外科手术，来到西澳大利亚州首府珀斯唯一一家可以开展这项手术的皇家珀斯医院实习。1981 年下半年，马歇尔轮岗来到该医院的肠胃医学部，在沃伦的鼓励下，他开始从事胃溃疡的临床研究。在最初的 6 个月里，马歇尔在实验室保留的实验材料中多次发现了螺旋状细菌，并跟踪调查胃部有细菌的病人的临床症状，取得了宝贵的第一手资料。

1981 年年底，马歇尔实习结束，开始担任该医院血液病科室的登记员，负责照看接受了骨髓移植的病人。1982 年，他成为一名内科医师，但始终没有放弃研究胃中的螺旋状细菌。科研中的偶然因素极为重要，马歇尔的实验小组一直未能将这种胃中存在的细菌单独分离出来，这制约了下一步的研究。1982 年的复活节，事情迎来了转机。他们将一块琼脂糖培养板遗忘在了实验室的温箱里。等到 4 天的假期结束，他们发现培养板上竟然长出了细菌。研究人员在显微镜下观察发现，培养板上的细菌正是病人胃中的螺旋状细菌。又经过了 5 天的连续培养后，他们终于将这种细菌分离出来。这是人类首次在人体外分离出这种细菌，马歇尔将其命名为幽门螺杆菌（HP）。电子显微镜下的幽门螺杆菌如图 7–1 所示。

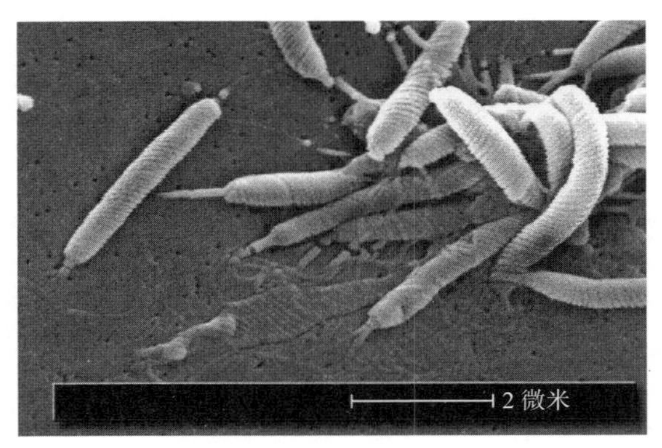

图 7-1　电子显微镜下的幽门螺杆菌[11]

1982 年 10 月，马歇尔在当地大学举办的内科医师会议上报告了初步的实验结果，但没有得到认可。因为根据当时的普遍观点，胃液的强酸性足以破坏任何生物的蛋白质外壳，导致细胞严重脱水，从而使细菌无法存活。源自传统观念和学术权威的压力使马歇尔担心自己难以在下一年续签与皇家珀斯医院的工作合同。正当他进退两难的时候，来自珀斯港口小镇弗里曼特尔医院的伊安·西斯洛普给他提供了一份高级登记员的工作，并且支持他继续从事对幽门螺杆菌的研究。然而这一工作变动也意味着他与启蒙老师沃伦的接触机会变少了。

真理迟早会被大家接受，马歇尔的观点逐渐有了支持者。1983 年 9 月在英国伍斯特举行的一场内窥镜交流会上，很多英国学者在听了马歇尔的报告后，纷纷表示他们也在不少胃病患者的体内发现了这种细菌。随后，全球多个实验小组都独立地得出了与马歇尔的实验相同的结论，从而使得幽门螺杆菌开始受到科学界的关注和重视。

1984 年，马歇尔得到了澳大利亚国家健康与医学研究委员会的资助，启动了一项研究项目，旨在探究使用抗生素治疗消化性溃疡的疗效。这项工作需要大量病人参与，于是他又回到皇家珀斯医院，因为那里的肠胃病人的数量可以满足他的实验要求。他采用甲硝唑联合铋剂的治疗方案使一批长期被应激性胃溃疡困扰的患者的症状得到缓解，部分患者被彻底治愈。

在医学研究中，要阐明疾病与病原体的关系，必须通过动物模型进行直接验证。马歇尔一直没有找到合适的动物模型，他曾设计以猪为动物模型进行实验，但未能成功。一些批评者认为马歇尔的实验结论尚不成熟，没有动物模型验证的实验可信度不高，一些杂志和报刊甚至决定延期发表马歇尔的后续研究论文，要求他补充动物模型实验。面对众多胃病患者的痛苦现状，为了验证实验结论，早日为患者造福，一时找不到合适动物模型的马歇尔决定以自己为动物模型。由于实验存在较大的风险，他没有把这个决定告诉实验团队的成员。1984 年的一天，马歇尔勇敢地喝下了含有幽门螺杆菌的细菌培养液，并记录了自身感受。马歇尔称这种菌液的味道与沼泽水相似。接下来的 3 天里，他的身上没有出现任何染病的征兆。第 3 天，他吃下一顿面条并通过增加饮水量来提高自己的消化能力。第 15 天，马歇尔开始出现胃病症状，每天清晨都会被剧烈的呕吐感惊醒。他深知自己感染了消化性溃疡。到第 28 天，马歇尔让同事伊安·西斯洛普给他做内窥镜检查，结果证实他感染了幽门螺杆菌。马歇尔以自身为模型的实验获得成功，直接证明幽门螺杆菌是消化性溃疡的病原体。随后马歇尔采取甲硝唑联合铋剂的治疗方案，在两周内彻底痊愈，证明了该治疗方案的可行性。

马歇尔推测，大多数消化性溃疡患者可能在孩童时期就感染了幽门螺杆菌，只是很多人当时并不知情，短暂的呕吐现象没有给他们留下清晰的记忆。随着年龄的增长和免疫力的下降，他推测40岁左右是消化性溃疡的高发时期。

1990年8月，在悉尼召开的世界胃肠病学大会充分肯定了幽门螺杆菌与慢性胃炎及消化性溃疡的关系。1994年10月，在洛杉矶举行的世界胃肠病学大会上，有关幽门螺杆菌的文章多达2 000余篇。马歇尔在该会议上做了幽门螺杆菌专题综述报告，同时倡议出台有关胃炎的新分类法。至此，沃伦和马歇尔开辟了研究幽门螺杆菌的新领域。

由于幽门螺杆菌的发现在理论上促进了胃炎发病机理的研究和探讨，在临床上使得治疗胃病的方案大为简化，多数患者只需要使用抗生素治疗而不用进行手术，幽门螺杆菌的发现对于胃病的研究、治疗，以及人类的健康事业具有重要意义。

沃伦和马歇尔获得了2005年的诺贝尔生理学或医学奖。诺贝尔委员会高度评价了他们先驱性的工作，认为这激励了全世界的科研工作者在攻克慢性疾病方面取得重大的突破。诺贝尔委员会指出，这一发现加深了人们对慢性感染、炎症和癌症之间的关系的认识，对于攻克风湿性关节炎、溃疡性结肠炎、动脉粥样硬化等慢性疾病有重要的指导意义。

长期以来，消化性溃疡一直是难以治愈的疾病，主要原因在于人们不清楚该病的病原体和致病机理，难以实施针对性的治疗。在沃伦和马歇尔的论文完成之前的100年间，尽管有关幽门螺杆菌的报道偶有出现，但都未引起科学界的重视，大多数科学家不敢想象在pH值如此低的条件下，竟然还会有细菌存在。沃伦和马歇尔首次揭示了慢性胃炎和消化性溃疡与幽门螺杆菌的相关性，他们成功的关键在于敢于质疑传统观念，在不被同行认可时能够长期坚持研究，在没有合适的动物模型时敢于直接采取具有奉献精神的自体实验。是“怀疑、执着、奉献”的精神成就了他们的发现。这也再次提醒我们，真理有时确实掌握在少数人手中。科学发现的过程往往是曲折的，科学界应该给予非传统观念多一些包容和尊重。

马歇尔在获奖感言里谈到，直到1994年，幽门螺杆菌才正式被大家公认为胃病与消化性溃疡的病原体，这距离1982年发现其存在已经过去12年。马歇尔引用了美国文学派史学家丹尼尔·布尔斯廷的名言：“知识最大的障碍不是无知，而是对知识的凭空幻想。”

第三部分

遗传与基因

任何一个有机体的结构都比组成它的基因复杂，但是只有先了解这些遗传与生物信息的最小单位，才能领悟生命的玄妙之处。遗传定律的发现、DNA 双螺旋的解构帮助人类实现了从更微观的角度探索、理解，乃至重塑生命的原始资本积累。

手绘孟德尔豌豆实验中的高茎和矮茎豌豆植株，作品现藏于布尔诺的摩拉维亚博物馆。[12]

第 8 章
遗传学家的探索之路

在对生命本质的探索中，遗传学始终是一个不能不提及的重要领域。遗传的伟大作用保证了每一个物种的稳定性。人之所以成为人，鸟之所以成为鸟，猫之所以成为猫，树木之所以成为树木，都在冥冥之中被“无形的手”掌控着。

修道士的豌豆园

进化论之父达尔文的晚年是痛苦的，他被自己提出的进化论学说中不能得到完美解释的问题深深地困扰着。

最主要的未解难题来自遗传方面：自然选择的速度很慢，但是物种的变异却在持续不断地发生，那些有利的变异会不会还没有被自然选择就已经消失了呢？父辈的一些有利于生存的特征能否稳定地遗传给后代，并在他们的性状中体现出来呢？

当时流行的一种融合理论认为，产生变异的物种与正常的物种在进行交配的过程中，各种性状的变异会融合产生一种中间态。显然，这种变异融合的速度比自然选择要快得多，暗示了自然选择对进化的作用可能有限。简单来说，这种理论认为父母辈积累的优势可能会在遗传过程中被稀释，导致后代不再具有这些优良的性状。

这种理论在当时听起来似乎有一定道理，尤其是在科学知识并未普及的年代，这种错误的理论更容易被人们接受，即便是进化论的创始人达尔文，也难以判断这个理论是否正确。达尔文陷入了深深的苦恼，晚年甚至开始采纳拉马克的获得性遗传理论，试图修正自己的进化论。达尔文直到去世前都没有解决这个问题，而那时的他并不知道，小他 13 岁的修道士——遗传学的奠基人孟德尔已经成功地用实验解答了这个难题。

历史跟达尔文开了一个不大不小的玩笑。达尔文其实有机会在去世前读到孟德尔的论文，但是造化弄人，他带着深深的遗憾离开了人世。同样悲哀的是，孟德尔超前的工作也没有得到时代的认可，直到孟德尔去世后 16 年，他的工作成果才被重新发掘。

1822 年，孟德尔出生于奥地利海因岑多夫村（今属捷克）的一个农民家庭。海因岑多夫村是个仅有 70 多户人家的小村庄，村民们主要从事石灰制造工作，然后将做好的石灰运往其他地方。孟德尔 6 岁的时候开始同姐姐一起去村里的小学读书，他从小就表现出对大自然的无限热爱。这个聪明的孩子展现出与其他孩子不一样的特性，他有着同龄孩子所没有的专注力和对学习的热情。孟德尔的班主任托马斯·马基塔察觉到他的非凡才能，向他的父母建议，让孟德尔离开村里的学校，转学去镇上的学校读书，毕竟那里有更好的教育资源。孟德尔的母亲立刻对此表示支持，孟德尔的父亲却觉得这是一笔不小的额外开支，犹豫再三，最终还是同意了。于是孟德尔便在三年级时转学到距离海因岑多夫村 30 千米的利普尼克镇的高等小学学习。

从此，孟德尔便开始了离开父母的寄宿生活，继续在知识的海洋中畅游。孟德尔以全班第一的成绩毕业，并且获得了“优秀”和“超群”这样的评语。面对这样的成绩，孟德尔的父母觉得应该继续支持儿子的学业，因此又鼓励他去距离利普尼克镇几十千米的特洛帕瓦的中学读书。

进入中学之后，虽然孟德尔在学业上一帆风顺，但是他窘迫的生活状况依旧没有改变，经常饿着肚子听课，能够吃上一顿饱饭也成了他的奢求。虽然时常要靠同学接济，孟德尔依然专注于学业，逐渐形成了对遗传学的初步认知。他经常和神父进行交谈，对动物界和植物界的遗传现象表现出极大的兴趣，例如鸟类的孵化和豌豆的繁殖，他注意到子代与亲代之间存在着显著的相似性。神父告诉孟德尔，这是神的意志决定的，但是孟德尔并不认同这一说法。

1853 年，孟德尔正式开始了他在布尔诺圣托马斯修道院的科学实验之路。

圣托马斯修道院里有一个当地最大的植物园，足足占地一英亩[①]。这是孟德尔最喜欢驻足的地方，他经常在植物园里一待就是一天，仔细研究每种植物的特性，也会在其中开展一些植物学实验。圣托马斯修道院的那卜主教十分器重他，任命孟德尔负责全院修道士的学习和教育工作，并且让他管理植物园。当时，克拉塞神父、奥里留斯神父和萨勒神父都是植物学的忠实爱好者，其中尤为器重孟德尔的萨勒神父还是当时著名的植物学家。在这样天时地利人和的环境下，孟德尔相信这里就是他实现个人遗传学构想的沃土，准备在这里进行后来被载入史册的豌豆杂交实验。

从1856年开始，孟德尔一直在圣托马斯修道院的豌豆试验田里忙碌着。他买来了具有不同性状的32种豌豆植株，通过连续几代的筛选，确保这些豌豆植株都是纯种的，因为只有纯种植株才能保证实验结果的可靠性。最终，孟德尔成功培育出22种遗传性状稳定的豌豆品种。

很多人都有一个疑问，那就是如何保证种植出来的豌豆是纯种的呢？如何进行甄别和筛选呢？实际上，这种筛选很简单，只要将豌豆植株的子代连续自交种植下去，如果其后代始终没有出现性状分离，即所有后代都完全继承了亲本的性状，那么就可以认为这一植株是纯种的，适合作为实验的母本。

---

① 1英亩约为4 046平方米。——编者注

实验在修道院的豌豆园里紧张地开展着。为了方便且直观地看出实验结果，孟德尔采取了单因子分析法，即在一个系统内不考虑其他的因素，只考虑其中的一个性状。

豌豆的性状有很多。有的花是紫色的，有的花是白色的；有的植株茎很长，有的植株茎很短；有的花位是腋生的，有的花位是顶生的……之前人们都是将这些性状放在一起研究，根本看不出任何遗传规律。考虑到涉及的性状有十余种，根据基本的数学原理，我们可以算出可能的遗传组合有高达 2 的十几次方种，在当时的条件下，用统计学方法得出结论是不切实际的。

孟德尔摒弃了之前杂乱无章的计算方法，从十几种性状中选择了 7 对相对性状（见图 8-1），对每对性状进行单独分析，不考虑其他性状的影响。比如他选择用开紫色花的豌豆植株和开白色花的豌豆植株进行杂交，不考虑植株高矮等其他性状的差异，仅仅观察下一代植株中花的颜色。

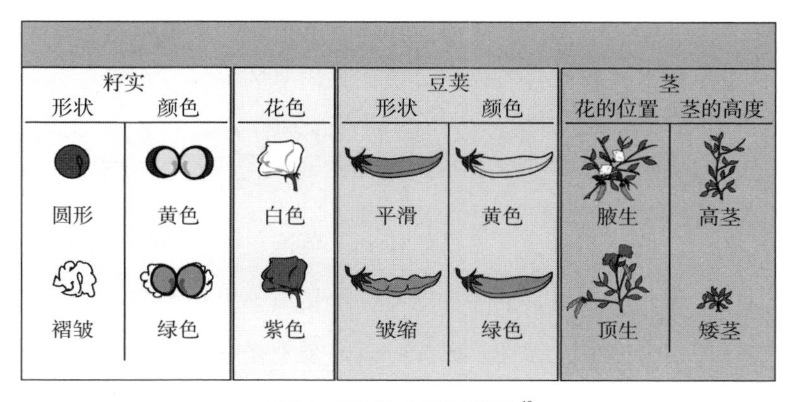

图 8-1　豌豆的 7 对相对性状[13]

按照融合理论的观点，开紫色花的豌豆植株和开白色花的豌豆植株杂交应该能得到一批花朵为粉红色的子一代，我们将这一代称为 F_1 代。

令孟德尔感到意外的是，F_1 代的花全都是紫色的。为什么花色为白色的性状被完全掩盖了呢？这中间究竟发生了什么？孟德尔非常疑惑。带着疑惑，孟德尔将 F_1 代的植株继续自交种植下去，最后得到了 929 株子二代植株，即 F_2 代。这 929 株植株的花色又出现了变化，其中有 705 株的花色呈紫色，另外 224 株的花色呈白色，数量大致符合 3∶1 的比例。为何在 F_1 代中没有表现出的性状，在 F_2 代中却出现了呢？

孟德尔陷入了深深的困惑，他无法解释豌豆中到底发生了什么重要的变化，使得原本应该在 F_1 代出现融合的性状没有融合，在 F_2 代中反而出现了性状分离。

孟德尔尝试从书中寻求答案，但是在书中根本找不到任何相关的介绍。孟德尔并不清楚，他现在所做的事情已经走在遗传学最前沿，根本没有任何可以用来借鉴的资料。在攀登科学顶峰的路上，他已经走到了尽头，没有前人探索过这一领域，需要孟德尔亲自开拓。

一个偶然的机会，孟德尔读到了英国化学家道尔顿的原子学说。道尔顿指出，世界上的万物都是由原子构成的，原子是稳定不可分割的。孟德尔灵光一闪，是不是在植物体中也存在这样不可分割的遗传因子？

孟德尔认为可以这样来解释：用“AA”来表示紫色豌豆花的基因型，用“aa”来表示白色豌豆花的基因型，那么 F_1 代的豌豆花的基因型就是“Aa”。因为作为父本的紫色豌豆植株会提供一个“A”的基因，作为母本的白色豌豆植株会提供一个“a”的基因，因此子代的基因型全部为“Aa”。

只要遗传基因中有一个“A”，那么下一代的花朵就是紫色的。换句话说，紫色花的基因强大到可以“覆盖”白色花的基因。这样就可以清楚地解释为什么 F_1 代的花朵都呈现紫色了。

孟德尔在实验完成之后，在实验记录上写下了遗传学史上最重要的一句话：“两种遗传因子在杂合的状态下，能够保持相对的独立性，不相沾染，不相混合。在形成配子时，二者分离，又按照原样不受影响地被分配到不同的配子中，组成新的合子。在新的合子中，原来的遗传因子又能保持原样。”①

此后，孟德尔又进行了测交验证实验，即利用杂交产生的 F_1 代与隐性纯合子交配。交配后得到的子代出现了性状分离，且两种性状出现的比例为 1∶1，从而证实了之前的猜测。

这是遗传学上的第一个定律。为了纪念孟德尔的贡献，这一定律被称为孟德尔第一定律——分离定律。在阐述完第一定律后，孟德尔开始思索用这种理论能否解释 F_2 代出现的性状分离的结果。

---

① 孟德尔. 遗传学经典论文选集［M］. 梁宏，王斌，译. 北京：科学出版社，1984∶5-21.

我们仔细分析一下 F_2 代的基因情况。如果 F_1 代的基因型为“Aa”，由它们进行杂交产生 F_2 代的过程中，父本母本会各自产生两种不同的配子“A”和“a”。这两种配子都能独立地进行自由组合，进而会产生“AA”“Aa”“aa”三种基因型，而且数量上遵循 1∶2∶1 的关系。只要基因中含有“A”，花朵就会呈现紫色，只有基因型为“aa”的植株，其花色才为白色，这与紫花植株和白花植株在数量上表现为 3∶1 的比例相契合。因此可将控制紫色花色性状的基因“A”确定为显性基因，控制白色花色性状的基因“a”确定为隐性基因。基因型“AA”和“aa”都被称为纯合子，其中“AA”是显性纯合子，“aa”是隐性纯合子。基因型为“Aa”的个体就相应地被称为杂合体。

为了进一步验证自己的理论，孟德尔设计了稍微复杂一点儿的实验。这一次，他同时关注两对不同的相对性状，试图分析两种性状的杂交实验会不会也遵循同样的自由组合定律。

孟德尔选取了以下两对相对性状进行实验：籽实的形状（圆形和褶皱）和籽实的颜色（黄色和绿色）。他用“A”表示圆形籽实的基因，用“a”表示褶皱籽实的基因，用“B”表示黄色籽实的基因，用“b”表示绿色籽实的基因。

首先要做的是选择出完全纯合的黄色圆形籽实的植株（基因型为“AABB”）和绿色褶皱籽实的植株（基因型为“aabb”）。如何达到这一目的呢？以表观性状为黄色圆形的籽实为例，孟德尔选择了所有籽实为黄色圆形的植株，让这些植株不断自交，产生下一代。下一代再继续自交，如果后代始终不发生性状分离，即所有子代的籽实都是黄色圆形，那么这一植株就可以用作实验的母本。这种植株只能产生一种配子，即“AB”型。无论如何自交，其产生的子代基因型都是“AABB”。

孟德尔用基因型为“AABB”的植株和基因型为“aabb”的植株杂交，得到的 F_1 代基因型为“AaBb”的杂合子植株。他接着用 F_1 代籽实自交，父本和母本都可以产生 4 种不同类型的配子——“AB”“Ab”“aB”“ab”。它们结合会产生 16 种组合，1 种“AABB”，2 种“AABb”，4 种“AaBb”，1 种“AAbb”，2 种“Aabb”，2 种“AaBB”，1 种“aaBB”，2 种“aaBb”，1 种“aabb”。如果按照只要有“A”基因籽实就为圆形，只要有“B”基因籽实就为黄色来分类，黄色圆形的籽实、绿色圆形的籽实、黄色褶皱的籽实和绿色褶皱的籽实的比例应该为 9∶3∶3∶1，即 $(3:1)^2$ 的展开式。孟德尔统计了 F_2 代的植株类型，发现产生黄色圆形籽实的植株有 315 株，产生黄色褶皱籽实的植株有 101 株，产生绿色圆形籽实的植株有 108 株，产生绿色褶皱籽实的植株有 32 株，基本满足 9∶3∶3∶1 的比例，完全符合预期。孟德尔激动得跳了起来，他终于发现了隐藏在植物中的遗传规律。他顾不上时间已经是后半夜，认为必须将自己的新发现与那卜主教和克拉塞神父分享。

为了验证自己的理论，孟德尔继续研究了 3 对相对性状的豌豆植株杂交后的遗传现象。结果发现，后续实验中的豌豆的性状分离比约为 27∶9∶9∶9∶3∶3∶3∶1，恰好为（3∶1）^{3} 的展开式。他由此确定了（3∶1）^{n} 的遗传法则，其中 n 为相对性状的对数。至此，孟德尔彻底打开了遗传学殿堂的大门！

在 1864 年，遗传学第一定律被发现的 8 年之后，孟德尔提出了他的第二定律，也就是遗传学中的自由组合定律："生物体的遗传因子在形成配子后，在雌雄配子组成合子时，是无选择的、随机的、自由的。一个相对性状的雌雄配子的结合，也是无选择的、随机的、自由的。"[①] 至此，孟德尔已经独立地构建起遗传学中最重要的两块理论基石——分离定律和自由组合定律。

孟德尔的工作填补了达尔文学说中最难以解释的地方：性状如何在有性生殖过程中稳定传递。

超越遗传法则：山柳菊实验的失败启示录

经过 8 年的辛勤劳作，孟德尔对豌豆植株进行了超过 350 次人工授粉，精心挑选了一万余颗种子，终于完成了自己精心设计的实验。孟德尔依据实验结果，创造性地提出了分离定律和自由组合定律。他认为是时候公布自己的研究成果了，而这

---

① 孟德尔.遗传学经典论文选集［M］.梁宏，王斌，译.北京：科学出版社，1984∶5-21.

一成果应该能够得到全社会的认可。

布尔诺自然科学学会于 1865 年举行了大规模的科学报告会，这场报告颇有现在学术论坛的意味。会议组织者邀请了在自然科学和历史学方面有所贡献的人士前来做报告。孟德尔得知这一消息后写信毛遂自荐。由于当时孟德尔在学术界的知名度不高，会议的组织者对他的自荐的反应并不热情。孟德尔没有放弃，不断地给组织者写信，他坚信这是一个近距离接触领域内专家、宣扬自己的学术观点的极佳机会。

最终，会议的组织者被孟德尔执着的精神打动，给了孟德尔一个在公共场合汇报自己学术成果的机会。孟德尔的报告被安排在第二天的最后一场，也是整个报告会的最后一场。

1865 年的那个冬天，萧瑟的冷风丝毫不能撼动布尔诺路边的树木，这也预示着在达尔文于 1859 年发表《物种起源》，提出进化论后，任何对进化论的挑战都无异于蚍蜉撼树。

历史如此相似，一如当年达尔文提出进化论前后的艰难。即便孟德尔的理论可以被视为进化论的有力补充，还是很难得到与会者的认可。当时的社会在各种思想和利益的交织下，丝毫不能容忍一丁点儿对进化论的质疑。

孟德尔的报告虽然很新鲜，但是没有得到与会者的重视，甚至一度导致会场出现混乱局面。主持人要求孟德尔终止发言，并且斥责他的观点是荒谬的。孟德尔怀着满腔的怒火，在会上宣读完了自己的报告。

孟德尔觉得与会者可能是第一次接触遗传因子的概念，不一定能够理解它，另外，口头叙述这么复杂的遗传定律，大家没有直观的感受，不能接受也是可以理解的。虽然孟德尔考虑的情况确实存在，但是他没有想到的是，这些人不是不理解他的观点，而是完全不愿意接受他的观点。

会后，孟德尔决定将自己的成果写成论文投稿发表。1866年年初，他完成了《植物杂交实验》，这篇论文例证翔实、观点新颖、论证严密。同年秋天，孟德尔的论文在布尔诺自然科学学会的会刊上刊登，但是却并没有像他期待的那样在社会上引起巨大的轰动。论文发表之后便石沉大海，音信全无。

孟德尔认为这可能是因为普通民众没有相关的知识背景，所以不了解自己的工作。于是他计划把论文交给学术界的权威人士，让他们为自己做个公正的判断。孟德尔将论文邮寄给瑞士植物学家卡尔·内格里。令人意外的是，内格里对他的研究嗤之以鼻。

内格里保持着植物学家特有的严谨性，他让孟德尔继续补充完善自己的实验。既然是植物学的普适规律，那么这两大规律应该对所有植物都适用。内格里告诉孟德尔，如果孟德尔能够证明山柳菊满足遗传学的分离定律和自由组合定律，自己就承认他的理论。因为内格里的实验研究对象主要是山柳菊，所以他也想看看自己用于实验的模式生物是否符合遗传定律。

内格里提出："如果你在山柳菊植物中成功地搞出人工杂

种的话，那是很了不起的事。就过渡类型而言，这个属的植物肯定会在不久后成为极有名的材料。”①

孟德尔答应了这个请求，他对自己的遗传理论也有很多疑问，除了豌豆，其他植物是不是也符合这样的遗传规律呢？这次的实验结果给此后大家对孟德尔的实验数据的质疑埋下了伏笔。

山柳菊为菊科山柳菊属，是多年生草本植物。孟德尔实验用的是欧洲自生的山柳菊，包括橙黄山柳菊和耳状山柳菊等12个种。

实验在孟德尔的满心期待中进行，但事与愿违，针对山柳菊的实验无论重复多少次，结果总是不稳定。只有部分种属满足遗传定律，他只能将能形成杂合体的母本称为“好母本”，把不能形成杂合体的称为“坏母本”。其中橙黄山柳菊是“最坏的母本”，因为它的杂交总是以失败告终；耳状山柳菊是“好母本”，杂交总是成功的。将耳状山柳菊作为母本，给予橙黄山柳菊的花粉，是可以形成杂合体的。相反，以橙黄山柳菊为母本，给予耳状山柳菊的花粉则不能形成杂合体。

面对这样的实验结果，孟德尔心中万分焦虑，他害怕因此得不到内格里的支持，但是又不能编造实验结果，因为生物学界具有普适性的理论最重要的特征是实验的可重复性，如果没有做出结果而谎报，迟早也会因为实验无法重复而被诟病。于是他只能将实验结果原原本本地写信告知了内格里。对于自己

① 中泽信午. 孟德尔的生涯及业绩［M］. 庚镇城，译. 北京：科学出版社，1985：81.

发现的遗传定律在植物学权威内格里提供的植物品种上不能实验成功，孟德尔感到非常遗憾。而内格里原本就对孟德尔的遗传理论不看好，这样的实验结果更加重了内格里对他的偏见，所以内格里并未将孟德尔的理论放在心上，认为遗传学的分离定律和自由组合定律只是在某一个种属上出现的巧合。

为什么选择以山柳菊为实验材料就无法获得符合遗传定律的结果呢？1905 年，也就是后来再次发现孟德尔定律的三位植物学家之一——德国植物学家卡尔·科伦斯找到了原因。原来包括橙黄山柳菊在内的“坏母本”无须花粉就可以结出果实。由于存在无性生殖，其后代的性状无法表现出稳定的数量关系，而孟德尔的规律只适用于有性生殖，因此以山柳菊为研究对象不可能在结果上满足孟德尔的分离定律和自由组合定律。

孟德尔成功的关键因素之一就是选择豌豆作为其实验材料。豌豆是一种严格自花传粉的植物，自花传粉就是同一个体的雄蕊给同一个体的雌蕊进行传粉，并且这种传粉行为在花苞张开前就可以完成，也即闭花授粉。这一特性能保证自交得到的下一代植株一定是纯种的，避免了天然杂交带来的不确定性。

此外，以豌豆为实验材料的实验周期短。如果选择哺乳动物，子代从在母体中发育到出生要经过很长时间，观察上下几代的性状需要花费几年甚至更长的时间，同时研究者还得祈求自己的运气好，不会出现什么意外和纰漏，这在当时是很难实现的。豌豆的生长期很短，只需要两个月左右，因此孟德尔很快就能得到实验结果。另外，豌豆植株的花朵很大，便于进行人工授粉等操作。豌豆的相对性状差别也很大，易于观察。比如花的颜色，有的是白色，有的是红色，有的是紫色；籽实的外观，有的是圆粒，有的是皱粒。这些相对性状的差别通过肉眼很快就能分辨出来，方便对实验结果进行分析。

经过这么长时间的尝试，孟德尔超前的理论并没有得到学术界的认可。他心灰意冷，又把工作重心转移到自己的实验上。

1884 年，也就是达尔文去世后的两年，孟德尔患上了严重的心脏病，在弥留之际，他依然对自己的理论的普及充满信心。他和同时代的达尔文一样，都是带着不甘和遗憾离世的，只不过令达尔文纠结的是自己理论的漏洞，孟德尔在意的则是自己的理论得不到世人的认可。

也许在当时的情况下，传播的滞后性决定了达尔文注定没有机会读到孟德尔的论文。实际上，孟德尔发表在会刊上的论文总共只印了 40 份，孟德尔自己留藏了 3 份。这一印量很难在社会上流传并引发关注。两人的理论因此遗憾地擦肩而过。

然而孟德尔的理论注定会迎来属于它的荣誉。19 世纪末 20 世纪初，欧洲迎来了生产的大繁荣，人们对各种农作物和家畜的需求增大，也需要更贴近实践的理论指导。1900 年，荷兰植物学家德·弗里斯、德国植物学家卡尔·科伦斯和奥地利植物学家冯·切尔马克在各自的实验中独立地发现了孟德尔定律的存在。在查阅文献的时候，三人不约而同地发现了孟德尔发表在布尔诺自然科学学会会刊上的论文《植物杂交实验》。至此，这篇尘封了34年之久的论文再度回到公众的视野中，其实验过程和结果得到了多个实验室的重复和认可。

检验科学真理的唯一标准就是实验的可重复性，孟德尔定律能被反复验证也说明了这一理论的正确性和孟德尔思维的超前性。

一个时代不是缺乏科学伟人，而是缺少被认可的科学伟人。孟德尔终于得到了这份迟到34年的对科学的尊重和对事实的认可。

孟德尔妖？实验数据的真伪之辩

在孟德尔定律获得普遍认可后的100多年里，仍有一些学者在仔细研究了孟德尔的实验数据后提出了质疑。大家质疑孟德尔的实验数据的理由大多是他的数据实在是过于完美了。

孟德尔在自己的论文中公布了7对相对性状的符合分离定律和自由组合定律的遗传数据。在公布的数据中，花色分离比是3.15∶1，籽实颜色的分离比是3.01∶1，籽实形状的分离比是2.96∶1……都非常接近分离定律的理论分离比3∶1。这些数据让人们不得不怀疑孟德尔要么是有超自然能力的“妖”，要么是对数据进行了处理。

1936年，罗纳德·费希尔分析了孟德尔的数据，发表了对孟德尔的实验数据表示怀疑的评论。他认为孟德尔在实验前就已经明确了理论的结果，或者是孟德尔的园艺助手完全了解孟德尔的期望，进而伪造了数据。

很多学者也纷纷表达了自己的观点：扎克尔认为孟德尔这位善良的神父“或许稍许捏造了他的实验结果”。邓恩推测“孟德尔在实验之前，心中就有了学说”。A. H. 斯特蒂文特说：“孟德尔在实验开始之前就已经知道了答案，并造出了符合这一答案的结果。”布尔诺的克西岑内基认为，这种情形是由孟德尔记录种子的技术造成的，他预先确定一个期望的比例，当数据达到他所期望的比例时就不再记录了。另外一位研究者克尔认为，做实验之前，孟德尔就已经在心中描绘好遗传的机制了，实验的设计只是“作为抽象性理论分析的一点小意思”来检验自己想法的正确性。[①]

我们来仔细剖析一下这个问题。首先，对于遗传学第一定律，也就是分离定律来说，普遍存在的疑问是实验数据的异常完美。从统计学的角度来看，孟德尔对 7 324 粒籽实进行考察，发现其中 5 474 粒为圆形 / 略圆形，1 850 粒为褶皱形，分离比约为 2.96∶1。他又对另外 8 023 粒籽实的颜色进行了考察，发现有 6 022 粒为黄色，2 001 粒为绿色，分离比约为 3.01∶1。紧接着，孟德尔对其他 5 对相对性状的遗传规律进行考察，发

① 中泽信午. 孟德尔的生涯及业绩［M］. 庚镇城，译. 北京：科学出版社，1985∶59–60.

现结果也符合分离定律。由此可见，孟德尔的结论是基于大量实验和数据得出的，尚且无可非议。

在遗传学的自由组合定律方面，孟德尔进行了多性状的杂交实验。他选择了籽实颜色、籽实形状、花的颜色 3 对相对性状进行自由组合杂交实验。

在孟德尔选择的 7 对性状中，控制籽实形状和豆荚颜色的基因位于 5 号染色体上，控制茎的高度和豆荚形状的基因位于 3 号染色体上，控制籽实颜色的基因位于 1 号染色体上，控制花的颜色的基因位于 2 号染色体上，控制花的着生位置的基因位于 4 号染色体上。巧合的是，孟德尔选择的这 3 对性状，其控制基因恰好位于不同的染色体上，这意味着在遗传过程中不会发生基因的连锁与互换，从而使得实验结果能较完美地契合满足自由组合定律的 9∶3∶3∶1 的比例规律。

但是如果孟德尔选择了籽实形状、豆荚颜色这两对控制基因都位于 5 号染色体的性状，或者是选择了茎的高度、豆荚形状这两对控制基因都位于 3 号染色体的性状，那么他就未必能得到这样完美的数据了。因为一旦两对性状的控制基因都位于同一条染色体上，两段基因就可能发生一定比例的交叉和互换，进而影响实验结果。

对孟德尔来说，从 7 对性状中任意选择两对，是有很大概率选中控制基因在同一染色体上的性状的。从概率角度来说，从 7 对性状中任意选出 2 对性状进行组合，共有 21 种组合方式；从 7 对性状中任意选择 3 对性状进行组合，共有 35 种组合方式。而任选 3 对性状，有 2 对性状的控制基因位于同一条染色体上的概率为 10/35，将近 28.6%。而孟德尔完美地避开了这 10 种可能性，这也是后人质疑他数据造假的主要原因。

从孟德尔将山柳菊实验的结果如实告知内格里的事实上看，孟德尔是具有实事求是的精神的。那么为何他的实验结果饱受诟病呢？我们现在可以大胆推测：孟德尔做了大量实验，其中包括控制基因在同一条染色体上的两对性状的杂交实验，也得到了一系列实验结果。可能是孟德尔发现这样的数据不如控制基因不在同一条染色体上的数据契合自己的理论，因此没有对外公布这些数据。

从实验的硬件上来看，孟德尔的实验场所包括两部分，其一是修道院内的一间 22.7 米乘以 4.5 米的玻璃房和一间 14.8 米乘以 3 米的温室；其二是在户外的实验园。1857 年至 1864 年间，孟德尔种植了数以万计的豌豆植株，获得了 4 万朵豌豆花，以及近 40 万颗种子。通过这些数据，我们可以看出孟德尔做了大量实验，他只是选择性地公布了部分结果。

孟德尔在论文的第 26 页说道：“在形成各式各样的卵细胞和花粉细胞时，数目完全相同只是停留在希望的范围内。在各个杂种中，卵细胞和花粉细胞并非一定要按照数学的准确性形成相同的数目。”①

① 孟德尔. 遗传学经典论文选集［M］. 梁宏，王斌，译. 北京：科学出版社，1984：5-21.

因此我们可以得出一个相对客观的结论：孟德尔是在做一道证明题，而不是解答题。在进行自己的伟大实验之初，他就已经在心中猜到了具体的实验结果。他甚至在道尔顿的原子理论的启发下，预测了基因在植物体内的遗传过程，因此实验只要能够证明这个结果是正确的就可以了。他已经了解具体的分离定律和自由组合定律的基本事实，只需要知道这个理论能不能在豌豆实验中得到验证。

孟德尔当然希望实验能够支持自己的想法，因此他在诸多实验数据中进行了筛选，选取了那些符合自己理论的实验数据以证明理论的正确性。他做了大量实验，同时确实得到了支持自己设想中的分离定律和自由组合定律的数据，达到了自己的实验目的。因此我们不能指责孟德尔的实验数据存在造假。他的所有数据都基于严格的实验基础，并且有实验记录的佐证和后续实验的证实。

“遗传学的功臣”果蝇

在孟德尔遗传定律被再次发掘出来后，科学界一度产生了很大的争议。有认可，有赞赏，有质疑，有不屑……众说纷纭，莫衷一是。

关键的时代，总会有关键的人物站出来。

1866 年，在孟德尔发表论文《植物杂交实验》的这一年，在遥远的美国马萨诸塞州的列克星敦，孟德尔理论的接棒者——遗传学家摩尔根诞生了。列克星敦在美国历史上有着不同凡响的意义，美国独立战争的第一枪是在这里打响的，北美殖民地反对英国殖民统治的斗争在这里拉开了帷幕。而诞生在这里的摩尔根在遗传学中的地位也和独立战争在世界历史中的地位一样无可替代。

我们在现实中总会将孟德尔和摩尔根联系在一起，孟德尔–摩尔根学派就是遗传学的其中一个主流学派。两人都是现代遗传学的先驱。

摩尔根父母双方的家族都是当年美国南方奴隶制时代的豪门贵族，南北战争中南部同盟的将领约翰·亨特·摩尔根正是摩尔根的伯父。南北战争中南部同盟的失败让摩尔根的生活从一个极端走向另一个极端。但这些事情对摩尔根的影响并不大，他的兴趣始终集中在大自然上。他喜欢在野外尽情地奔跑、探索，掏鸟窝、捉昆虫、采集标本……摩尔根享受着他最快乐的学习和生活时光，后来又顺利地通过选拔进入约翰斯·霍普金斯大学学习胚胎学，并获得了博士学位。

在孟德尔的遗传理论被重新发现后，摩尔根认为这是一个认知生命本质的关键领域，因此他将自己的研究重点转向了新兴的遗传学。他接过了孟德尔的大旗，发现了遗传学第三定律，搭建起了遗传学的地基。

摩尔根和孟德尔一样，都执着地追求着科学精神，更重要的是他们都是幸运儿，都成功地选择了对的实验材料。孟德尔选择了豌豆，摩尔根选择了被称为“上帝的礼物”的果蝇。如果没有果蝇，摩尔根要想提出遗传学第三定律可能会困难很多。

将果蝇作为实验材料有诸多优点，比如果蝇的生命周期短，单次繁殖量大，易于饲养，仅有 4 对染色体，染色体的形态各异且易于区分，等等。果蝇可以进行大规模饲养，而且通过透明的玻璃管可以清楚地观察到果蝇的具体性状，这是摩尔根迅速获得实验成功的关键。

1908 年，摩尔根开始以果蝇为对象进行遗传学研究。他建立了果蝇室，在窄小的果蝇室中放进了 8 张桌子和一个用于制作果蝇培养基的台子。刚开始，摩尔根实验室的学生用压碎的香蕉吸引和饲养果蝇，但是果蝇并不喜欢这种新鲜的被压碎的香蕉，它们更喜欢完全发酵的、滴着发酵水的香蕉。为了迎合果蝇的口味，大家决定用这种发酵的香蕉来饲养果蝇。可是这种香蕉熟透了之后会散发强烈的臭味，受到了其他课题组的反对。后来，摩尔根了解到香蕉汁比香蕉便宜，能起同样的效果，同时还减少了难闻的气味，他便用香蕉汁替换了发酵的香蕉。

但是在果蝇室门口吊着的一串香蕉并没有被拿走，这串香蕉是为了吸引“散兵游勇”的果蝇。这间果蝇室中有配置培养基的蔬菜吸引来的大量蟑螂，有四处乱飞的果蝇，甚至地上还有很多乱窜的老鼠。和摩尔根一起工作的柯蒂·斯特恩说，每次拉开抽屉都能看到蟑螂向暗处逃去，脚落地就能踩死老鼠。

但就是在这样恶劣的环境中，摩尔根和他的同事们、学生们一起完成了大量的经典遗传学实验。

1910 年，摩尔根在实验室中发现，白眼的雄性果蝇和红眼的雌性果蝇交配产生的 F_1 代全是红眼果蝇。如果再让 F_1 代的果蝇相互交配，在 F_2 代果蝇中又出现了白眼果蝇，并且这种白眼果蝇全部是雄性的，因此摩尔根认为这一性状是与性别紧密联系在一起的。也就是说，控制眼睛颜色的因子是连锁固定在性染色体上的，这一发现成为继孟德尔定律之后的又一个重大突破。

除此之外，摩尔根在以果蝇为研究对象的实验期间发现，实验中会出现一些介于亲本拥有的两种性状之间的中间型，而这些性状对应的基因发生交换的频率和它们在染色体上的距离相关。

摩尔根以黑腹果蝇为研究对象，主要关注灰体和黑体、残翅和长翅这两对相对性状。由于灰体和长翅是显性性状，黑体和残翅是隐性性状，所以用纯合体的灰体长翅果蝇和黑体残翅果蝇进行交配，得到的 F_1 代果蝇的表型都是灰体长翅。随后，再拿 F_1 代杂合体的雄蝇和黑体残翅的雌蝇测交，按理来说应该得到灰体长翅、灰体残翅、黑体长翅、黑体残翅 4 种表型比例为 1∶1∶1∶1 的后代，可结果只得到了灰体长翅和黑体残翅两种表型比例为 1∶1 的后代。摩尔根进一步用 F_1 代杂合体的雌蝇和黑体残翅的雄蝇测交，这一次成功得到了灰体长翅、黑体残翅、灰体残翅和黑体长翅 4 种表型的 F_2 代，4 种表型的比例分别为 0.42 : 0.42 : 0.08 : 0.08。其中灰体残翅和黑体长翅的 F_2 代是与亲本性状不同的新表型，即重组型，表现为灰体残翅和黑体长翅。这种实验结果和孟德尔遗传定律是相背离的。

这究竟该如何解释呢？摩尔根是这么设想的：位于同一条染色体上的基因总是倾向于联系在一起共同遗传下去，他把这一现象称为连锁；而染色体上的基因连锁群并不像铁链一样牢靠，有时染色体也会发生断裂，甚至与另一条染色体互换部分基因，两个位于同一条染色体上的连锁基因在染色体上的距离越远，染色体间基因交换的频率就越高。因此当染色体彼此互换部分基因时，果蝇产生的后代中就会出现新的重组型表型。

由此，摩尔根总结出遗传学第三定律：处在同一染色体上的两对或两对以上的基因，在遗传时联合在一起共同出现在后代的频率高于重新组合的频率。重组型的产生是由于生物在减数分裂形成配子的过程中，位于同源染色体上的等位基因有时会随着非姐妹染色单体的交换而发生交换，重组频率的高低与连锁基因在染色体上位置的远近有关。

我们可以做一个简单的比喻：一条染色体上的所有基因就像是一副扑克牌，每一张牌都有独一无二的作用。当父亲和母亲的染色体发生交换时，就相当于我们将两副扑克牌混洗，之前离得越近的基因被分开的可能性就越小。实际上，紧挨着的两张牌被分开的概率大约为 2%，始终保持相邻位置的概率为 98%。

至此，遗传学三大定律都已被揭示，这也标志着经典遗传学的大厦已经打牢了坚实的地基。摩尔根作为遗传学家终于获得了他应有的荣誉。

1913 年，摩尔根通过大量的实验确定了自己的理论，立刻着手完成了《遗传与性别》一书。1915 年，摩尔根和他的三个年轻的同事斯特提万特、布里奇斯、穆勒一起合著了《孟德尔式遗传的机制》一书，这本书成为摩尔根所有著作中的巅峰之作，书中记述了果蝇研究的全部内容，详细指出了因子（基因）的行为和染色体的行为完全相关，基因成对，染色体也成对，一个孩子继承的仅仅是父母各对染色体中的一条，基因被分为连锁群，连锁群的数量与染色体的数量一致，等等。这本书给摩尔根带来了诸多荣誉，约翰斯·霍普金斯大学授予摩尔根名誉博士学位，这也是摩尔根在日后著作中最常使用的头衔；肯塔基大学授予摩尔根哲学博士学位。摩尔根成为美国科学院院士，后成为院长；被任命为英国皇家学会的外籍会员，并在 1924 年荣膺达尔文奖……这些荣誉让他能够轻松地从洛克菲勒财团、卡内基财团等组织中获得急需的科研经费。

摩尔根跟传统意义上的科学家有很大的区别，他在学术精神、工作思路和生活状态上都有自己特立独行之处。

他有着强烈的质疑精神，他在《实验胚胎学》中曾提到，研究者必须养成对所有假说，特别是对自己的假说敢于怀疑的精神，当了解到证据指向另外的方向时，就必须做好立刻抛弃自己的假说的准备。因此，在实验科学中，我们要学会发现和珍视“例外”。

1911 年 9 月 10 日的《科学》杂志上刊登了一篇摩尔根关于果蝇的独创性研究论文。这篇论文主要讨论了果蝇的连锁遗传。

他在文章中写道：

> 孟德尔遗传法则的基础在于假定单位性状的因子随机性分离。孟德尔式遗传的特征为，在以两个性状为观察对象时，会看到 9∶3∶3∶1 这样的分离比。到了近些年，在关系到两个以上的性状的场合，存在几例分离比例与孟德尔的独立分离的假定不符合的情况。在这种例子中，最有名的是梅雨蛾类和果蝇……基于对果蝇眼色、体色、翅的突变和性因子遗传的研究结果，我尝试提出一个比较简单的说明。如若与这些隐私相当的物质包含在染色体中，另外如果这些隐私连接成一条直线的话，在异质合子中，从双亲来的各对染色体进行配对时，相同的部位就会靠拢……原来物质距离短的话，相对于切断面，进入同一侧的可能性高，而离开原部位进入同一侧的可能性和进入反对侧的可能性相等。[①]

① 夏因，罗贝尔. 摩尔根传［M］. 庚镇城，译. 上海：复旦大学出版社，1986：85–86.

摩尔根是个讨厌建立假说的人，他喜欢用事实说话，用定量实验说明问题，用数据表达自己的观点，可是这篇让他成名的代表作中却没有用到任何数据。他用大量的理论阐述了这一观点，说明这是他迫切想表达的新颖观点。一年之后，摩尔根才发表了相关的实验数据。

摩尔根在实验室中似乎更加不拘小节。作为摩尔根的学生和同事，年轻的斯特提万特经常叼着烟斗，斜躺在座椅上，两条腿随意地跷在桌子上，跟自己的恩师摩尔根探讨学术问题。摩尔根在生活上也毫不讲究，在找不到皮带的时候，他就用细绳扎裤子；即使衬衫上的纽扣全都掉了，他也照穿不误。有一次，摩尔根发现自己的衬衫上有一个明显的破洞，他竟然让同事把破洞用白纸粘起来，以至于他不止一次地被认为是实验室里的清洁工。

而说到摩尔根的工作环境，他的实验桌始终是杂乱无章的，他经常将自己桌子上散落的各种信件和其他实验物品一股脑儿地推到邻桌学生的位置上，然后专心致志地用放大镜数自己的果蝇。他会将数完的果蝇用大拇指直接摁死在陶瓷板上，事后也不清洗，以至于后来清洁工发现这些陶瓷板上长满了各种真菌……这与摩尔根对待实验数据的严谨形成了鲜明对比。

摩尔根身上有很多不为人知的特性，这种特性与我们对科学家的认知有太多的不同，但这就是最真实的科学家本人，他们在生活中可以很接地气，但对于科学精神的追求却是真挚而疯狂的。

第9章

双螺旋结构的幕后英雄

DNA 双螺旋结构的发现作为20世纪最伟大的发现之一，是分子生物学诞生的标志。此后，分子免疫学、分子遗传学、细胞生物学等分支学科如雨后春笋般纷纷诞生，加速了生命科学的发展进程。

平心而论，沃森和克里克能够获得诺贝尔生理学或医学奖，与另外一位女性科学家的实验功劳密不可分，她就是英国著名的生物物理学家罗莎琳德·富兰克林。而在富兰克林之前，生物化学家埃尔文·查戈夫提出的查戈夫规则对双螺旋结构的发现也起到了巨大的促进作用。

错失诺奖的女科学家

罗莎琳德·富兰克林 1920 年 7 月 25 日出生于英国伦敦的

一个犹太家庭，她的父亲是著名的商业银行家。

少年时代的富兰克林对物理、化学产生了浓厚的兴趣，她18岁进入英国剑桥大学，但是她的父亲却对这种做法表示强烈反对。富兰克林于1941年在剑桥大学获得了物理化学专业的自然科学学士学位，4年后她获得了剑桥大学哲学博士学位。1941年至1942年，她在后来的诺贝尔化学奖得主罗纳德·诺里什手下从事研究工作，二战后又辗转到巴黎，1950年起受聘于伦敦国王学院，从事蛋白质X晶体衍射研究。

富兰克林来到伦敦国王学院是幸运的也是不幸的。幸运的是，她在这里拍摄出了DNA的X射线衍射照片，而正是这张衍射照片帮助沃森和克里克构建出DNA双螺旋模型。

对于富兰克林的为人，不同的人有不同的看法。沃森在《双螺旋：发现DNA结构的故事》中称，她学术思想保守，脾气古怪，难以合作，对DNA所知甚少。而美国作家安妮·赛尔在富兰克林死后发表的《罗莎琳德·富兰克林和DNA》中称富兰克林是一个正直勇敢、宽宏大量，对科学执着、富有激情的女性。无论评价如何，她在DNA双螺旋结构的发现过程中的贡献是无法被抹杀的。

富兰克林在实验过程中拍出了极其清晰的，也是最重要的一张照片。富兰克林对实验器材和实验样品的处理下了一番苦心。她改进了X射线照相机，使其能够感触到像针一样细的光束，并找到了更合适的方式来排列DNA的绒毛状纤维。她用一根玻璃棒将 DNA 的绒毛状纤维拉开成平行状，然后将这些纤维聚集成束，最后用 X 射线照相机拍照。

富兰克林通过不断改变空气的相对湿度，使 DNA 分子在 A 型结构和 B 型结构之间不断转换。如果纤维周围的空气相对湿度达到 75%，DNA 分子即表现为干燥的 A 型结构，而当相对湿度上升到 95% 左右时，DNA 分子就会伸长 25%，表现为 B 型结构。

1952 年，富兰克林拍摄出极其清晰的 A 型和 B 型结构的 DNA 的照片，其中 B 型结构的照片为日后 DNA 双螺旋结构的解析提供了依据。科学家贝尔纳在富兰克林的悼词中表示：她拍摄的 X 射线照片是至今所有物质照片中最漂亮的。

1953 年 1 月，莫里斯·威尔金斯将这张图片展示给沃森和克里克。后来，沃森在回忆录中也表示，看到这张照片，他不禁兴奋地张大了嘴巴，脉搏也剧烈地跳动起来。1953 年 2 月 24 日，富兰克林在研究笔记中记录了对 DNA 分子三螺旋结构的构想，虽然这种三螺旋结构是错误的，但是她已经基本接近最终的答案了。同年 3 月 17 日，她已经完成关于 DNA 结构的论文草稿，推断出 DNA 分子中每 10 个碱基为一个周期，距离为 34 埃，螺旋直径为 20 埃。这些数据为沃森和克里克提出具体的双螺旋模型提供了实验依据。

1953 年 7 月 25 日，富兰克林等人通过实验验证 DNA 双螺旋结构的论文发表在《自然》上，成为沃森和克里克获奖最重要的理论依据。

不幸的是，富兰克林罹患卵巢癌，于 1958 年离开了人世，享年 38 岁。这与她长期从事 X 射线衍射工作有着密切的关系。

1962 年的诺贝尔生理学或医学奖颁给了沃森、克里克和威尔金斯，以表彰他们“在核酸的分子结构及其在生物体信息传递中的重要性方面的发现”。

由于诺贝尔奖原则上不授予已经去世的科学家，所以很遗憾，富兰克林没能获此殊荣。但是为了纪念她，英国皇家学会特地设立了“富兰克林奖章”。富兰克林终身未婚，为科学事业奉献了毕生的心血。

查戈夫的委屈

1944 年，奥斯瓦尔德·埃弗里通过肺炎双球菌实验提出了遗传物质可能是 DNA 的假设。奥地利的生物化学家查戈夫是最先对埃弗里的实验和文章有所响应的生物化学家。查戈夫接受了传统的科学教育，同时是一位语言天才。据他自己描述，他可以熟练地讲述 15 国语言，同时他身上有着浓厚的个人特色，保持着自己独特的个性和锋芒。查戈夫常说自己是误打误撞地走入了科学研究的殿堂，他宣称自己是生物化学专业的门外汉和旁观者。

在看到埃弗里的研究论文之后，查戈夫决定研究 DNA。此时，检测和精确测量复合物的方法才刚刚出现。查戈夫立刻将这种方法运用到测量 DNA 上。经历了几年的持续摸索后，1949 年，查戈夫和同事发现了一种奇特的现象：4 种不同的碱基在 DNA 中成比例出现，在相同物种的所有组织中，这种比例是恒定的，但是在不同物种之间的差异却很大。

1952 年 5 月的最后一个星期，查戈夫与沃森和克里克在剑桥碰了一次面。当时查戈夫已经是哥伦比亚大学的正教授，而沃森和克里克还是两个不出名的毛头小伙儿，一个 35 岁，一个 23 岁。当时克里克并不认识查戈夫，但沃森了解查戈夫的工作，所以他们一起去拜见了查戈夫。在这次面谈中，查戈夫向二人提到了自己在 1950 年写的一篇综述里的一段话，这篇综述批判了费伯斯·列文的“四核苷酸”假说，而这段话则在无形中对 DNA 双螺旋结构的发现起了很大的帮助。

> 还值得注意的一点是，在所有被测定的脱氧核糖核酸（DNA）中，总的嘌呤和总的嘧啶的摩尔比率，以及总腺嘌呤和总胸腺嘧啶、总鸟嘌呤和总胞嘧啶的摩尔比率也总是接近 1。

查戈夫的这段话给沃森和克里克以极大的启示。9 个月后，沃森和克里克发现了 DNA 分子的双螺旋结构。他们在研究 DNA 的双螺旋结构的过程中考虑了查戈夫对于碱基数量之比为 1∶1 的设想，一条 DNA 链上的腺嘌呤总是和另一条 DNA 链上的胸腺嘧啶配对，鸟嘌呤总是和胞嘧啶配对。

查戈夫在他的回忆录中用了三页纸来描述此次会面：

> 我似乎是错过了令人颤抖的历史性时刻：一个改变了生物学脉搏的变化……印象是：一个（克里克）35 岁，他有些生意人的模样，只是在闲谈中偶尔显示出才气。另一个（沃森）23 岁，还没有发育起来，咧着嘴笑，不是腼腆而是狡猾，他没说什么有意义的话。
>
> …………
>
> 我告诉他们我所知道的一切。如果他们以前就知道配对原则，那么他们隐瞒了这一点。但他们似乎并不知道什么，我很惊讶。我提到了我们早期试图把互补关系解释为假设在核酸链中，腺嘌呤总是挨着胸腺嘧啶，胞嘧啶总挨着鸟嘌呤……我相信，DNA 双螺旋的模型是我们谈话的结果。
>
> 1953 年，沃森和克里克发表了他们关于双螺旋的第一篇文章时，他们没有感谢我的帮助，并且只引用了我们在 1952 年发表的一篇短文章，但没有引用我 1950 年或 1951 年的综述，而实际上他们引用了这些综述才更自然。[①]

---

① 贾德森. 创世纪的第八天［M］. 李晓丹，译. 上海：上海科学技术出版社，2005.

从文字间我们能感受到查戈夫的不满。事实上，性格直爽的他在沃森和克里克发表关于 DNA 双螺旋结构的文章后没多久，就直接给克里克写了一封信，责骂他们没有适当地引用他的文章。但是查戈夫最大的问题在于，他认为 DNA 是单链的，没有考虑双链的可能性。这意味着即使他知道碱基的比例，也很难构建双螺旋的 DNA 结构模型。但是从客观上分析，查戈夫在 DNA 双螺旋结构的发现方面的确起了积极的作用。

沃森和克里克的合作

沃森和克里克的合作可以说是生物学史上的划时代转折点。两人之前的研究领域并没有交集，但是他们之间的合作碰撞出了耀眼的火花。1953 年注定是生物学史上极富成就的一年，生物学研究正式步入分子生物学时代，很多其他的生物学分支学科（包括植物学、动物学、细胞生物学、生物化学）也纷纷开启了分子角度的研究，随即步入分子研究时代。

1951 年，沃森进入英国的卡文迪许实验室，开始进行博士后期间的研究工作，他的主要研究对象是肌红蛋白。在这里，他认识了比他大 12 岁的克里克，他们相处得相当融洽，志趣相投，更重要的是两人的研究领域正好可以互补。克里克在 X 射线晶体学研究上造诣高深，同时具备一定的蛋白质结构学知识。沃森则来自著名的学术团队——奥斯瓦尔德 · 埃弗里的噬菌体小组，拥有重要的噬菌体实验工作经验和细菌遗传学研究背景，这也有利于他们之间的合作。克里克是一个很有个性的人，甚至可以说是过于自我、狂妄自大的。他的性格影响了他与其他人的合作，但是沃森能够包容他的缺点，因为沃森看重的是克里克的工作能力和他对科学研究的热情。

沃森在《双螺旋》一书中提到，克里克虽然并不谦虚，但是他们俩谈得来。同时，他认为最难能可贵的是克里克当时就懂得 DNA 比蛋白质更为重要。

沃森和克里克的合作可以和 100 多年前施莱登和施旺的合作媲美，这种偏执型科学家之间的合作拉开了生物学革命的帷幕。

克里克极有天赋、睿智且不流于表面。在受薛定谔的《生命是什么》一书影响后，他决定放弃之前的物理学研究方向，转而研究生命科学。其实在研究 DNA 之前，克里克心里还存有一些顾虑。从沃森的回忆录中可以了解到，克里克担心的原因主要有两个方面：一是对蛋白质研究的不舍；二是 DNA 结构一直是威尔金斯和他的助手富兰克林的研究领域，克里克当时并不打算介入。按照之前研究蛋白质的模式，沃森和克里克潜心摸索了 DNA 的结构。他们假设 DNA 分子含有大量有规律地呈直线排列的核苷酸。如果 DNA 分子中的核苷酸不是有规律地呈直线排列，那么就无法解释 DNA 分子是如何堆积在一起并形成晶体聚合体的。威尔金斯告诉克里克，DNA 的分子直径比单独一条多核苷酸链的直径要长一些，因此威尔金斯认为 DNA 的结构是一种复杂的螺旋结构，包含几条彼此缠绕在一起的多核苷酸链。这也解释了为什么多数生物学家都倾向于认为 DNA 是三螺旋结构的。

1953 年 1 月，沃森和克里克受到前文提到的富兰克林拍摄的 B 型结构 DNA 的 X 射线衍射照片的启发，着手修改原先构建的 DNA 结构模型图。他们首先构建的是 DNA 三螺旋结构，也就是三条不同的 DNA 链相互缠绕在一起形成的螺旋模型。富兰克林犀利地指出他们的模型在结构上有很多缺陷，比如结构不稳定，含水量也与实际测量数据存在很大的差异，因此这一模型刚面世就宣告失败。

对两人来说，这次模型构建的失败是一次严重的打击，他们甚至有些心灰意冷。在随后半年的时间里，克里克回归蛋白质课题，沃森也开始了对烟草花叶病毒中 RNA 的研究，构建 DNA 结构模型的事被暂时搁置。虽然第一次建模失败，但是他们对 DNA 结构的解析依然保持着高度的敏感性。1952 年 6 月的一天，克里克在一次茶会上遇到了剑桥大学年轻的科学家约翰 · 格里菲斯，格里菲斯告诉克里克自己已经完成 DNA 中碱基互补配对的计算。这次深入的交谈激发了克里克继续研究 DNA 结构的兴趣。克里克立刻联系了自己的老搭档沃森。也许是对 DNA 结构依旧痴迷，又或许出于对探索未知结构的渴望，沃森很爽快地答应了克里克的邀请，两人再一次联手，准备迎接新一轮的挑战。

沃森和克里克在1953年4月25日的《自然》杂志上发表了发现DNA双螺旋结构的文章。《自然》杂志4月2日收到沃森、克里克和威尔金斯三人的文章，仅仅23天后，这篇具有划时代意义的文章便被刊发，这一速度堪称创刊以来之最。

这篇助力三人获得1962年诺贝尔生理学或医学奖的论文并不长——只有一页，却改写了人类的历史，开创了现代分子生物学的先河。这篇解读人体遗传物质的论文被称为人类有史以来最伟大的50篇论文之一。

DNA结构的发现之路充满坎坷。早在1951年11月21日在伦敦举办的核酸结构学术讨论会上，富兰克林就率先展示了一张DNA的X射线衍射照片，这是她拍摄的最清晰的DNA结构的X射线衍射照片，她利用的样品是取自小牛胸腺的纯DNA。富兰克林和雷蒙·葛斯林发现了DNA的两种结构形式，一种是A型，另一种是B型。A型交给了富兰克林研究，B型则交给了威尔金斯研究。

A型结构在生物体中很少出现，大部分生物体的DNA结构都是B型的，因此从把A型结构交给富兰克林，B型结构交给威尔金斯的那一刻起，结局就注定了。DNA的结构共有三种，分别被称为A型、B型和Z型。其中A型和B型是DNA的两种基本结构，均是左手结构，Z型比较特殊，是右手结构。总的来说，A型结构比较粗短，碱基倾角大，B型结构适中，Z型结构细长，人体的DNA结构大多是B型的（见图9-1）。

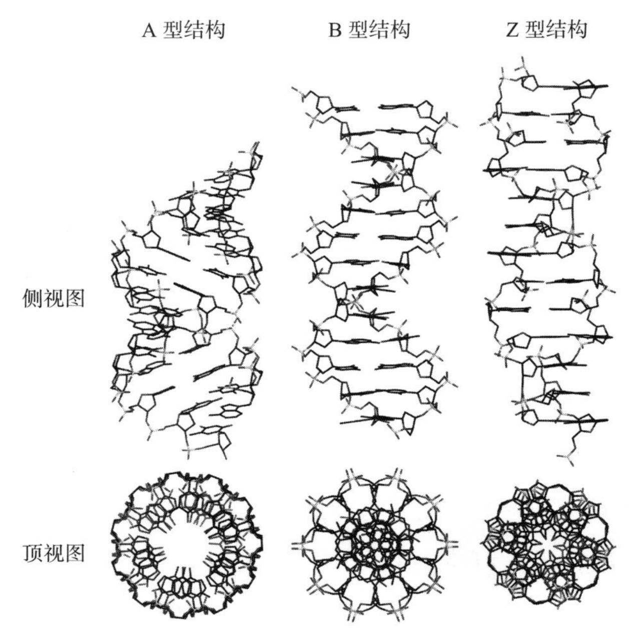

图 9-1　A 型结构、B 型结构和 Z 型结构的侧视图和顶视图 [14]

1952 年 5 月，克里克和沃森拜访了查戈夫。查戈夫对 DNA 结构解析做出了重要贡献，甚至在日后出现了以他的名字命名的查戈夫规则。他明确地告诉沃森和克里克，不同种类的碱基的数量在总量上的比例完全遵循 1∶1 的关系，也就是说 4 种碱基是互补配对的。这意味着距 DNA 双螺旋结构的发现仅剩最后一层窗户纸。

沃森在 1953 年 1 月再次前往伦敦国王学院，拜访了生物学家威尔金斯。从这位科学家的口中，沃森听到了富兰克林报告的全部内容。但是此时威尔金斯依然偏爱 DNA 三螺旋结构，认为这个模型最符合DNA分子的密度范围，但是他一直无法解释三螺旋结构在结构稳定性、含水量等方面的一系列问题，因此这一方向的研究就走进了死胡同。

在查戈夫规则的影响下，沃森和克里克彻底摒弃了DNA三螺旋结构，开始思考DNA是否为双螺旋结构。按照双螺旋结构建立起来的模型出乎意料地完美，解释了包括稳定性、含水量在内的绝大多数问题。1953年2月20日，沃森和克里克带着草图去请教了量子化学家杰里·多诺休。多诺休指出，应该将草图中的碱基构型的烯醇式改为酮式异构体。至此，沃森和克里克彻底明白，碱基在分子内部靠特殊的氢键结构实现配对。

1953年，沃森和克里克一共写了4篇关于DNA的结构与功能的论文。4月25日，第一篇顺利地发表在学术界顶级杂志《自然》上。紧随其后，威尔金斯、亚历山大·斯托克斯、威尔逊、富兰克林和戈斯林也发表了两篇论文。5周后，沃森和克里克又在《自然》杂志上发表了第二篇论文，这次的主题是讨论DNA双螺旋结构的遗传意义。这两篇文章奠定了他们在分子生物学领域的鼻祖地位，但即使在发表论文时，他们内心也还有些疑惑和不自信。

在第一篇文章发表前夕，也就是1953年3月22日，沃森在给自己的导师马克斯·德尔布吕克写信时，附上了他将发给《自然》杂志的文章的草稿。沃森在信中详细介绍了DNA是双螺旋结构的证据，但是在信件的结尾，沃森表达了对这种结构的些许担忧。

德尔布吕克虽然仍对他们构建的模型的正确性有所怀疑，但还是在回信中给予了积极的答复：

> 我的感觉是，如果你们提出的结构是正确的，并且你们提出的复制本质具有有效性，那么所有困难都会迎刃而解，理论生物学会进入一个激动人心的阶段。只有其中的一部分会涉及化学、分析和结构，更重要的部分将会给在过去 40 年走上死路的遗传学和细胞学方面的许多问题一个崭新的观点。①

德尔布吕克也将沃森的观点写信告诉了自己的导师尼尔斯·玻尔。德尔布吕克在信中提到，他认为生物学界发生了十分重要的事情。沃森的发现可以与 1911 年卢瑟福发现原子结构模型的成就比肩。而卢瑟福提出自己的原子模型时，尼尔斯·玻尔恰好是曼彻斯特大学卢瑟福实验室的学生。

与其说沃森和克里克发现了 DNA 双螺旋结构，不如说 DNA 双螺旋结构成全了沃森和克里克。

有人曾经说发现 DNA 双螺旋结构就像哥伦布发现了新大

---

① 沃森. 双螺旋：发现 DNA 结构的故事 [M]. 刘望夷，译. 北京：化学工业出版社，2009：174–176.

陆，但是这两者又极为不同，因为生物学研究本身除了依靠科学家自身的能力，还受到很多因素的影响，包括实验经费、实验技术、运气等。沃森在他的著作中提及这段发现的经过时曾说："发现 DNA 双螺旋结构，部分是我的幸运，部分是正确的判断和灵感，还有一部分是持之以恒的勤奋。"

作为同时代的科学家，克里克和威尔金斯都出生于 1916 年，又同于 2004 年离世，他们与中国的交集并不多。而沃森比他们小 12 岁，出生于 1928 年，他与中国结下了不解之缘。1981 年沃森首次来华，后来又在 2006 年、2008 年、2010 年、2012 年多次来华。在 2008 年清华大学举办的论坛上，他发表了题为"学涯六十载，求知重重路"的演讲。当被问到一名成功的科学家需要具备哪些素质时，沃森回答："要有好奇心，要有强烈的求知欲，要为之付出努力，勇于面对困难，更重要的是对自己研究的领域充满兴趣。"

神奇的三联体密码

1961 年是三联体密码研究取得重要进展的一年。

克里克和西德尼·布伦纳（1927—2019）进行了一项重要的实验，解决了遗传密码传递信息的问题。他们以 T4 噬菌体的 rII 基因为材料，用原黄素类化学诱变剂处理，最后用移码突变的方法进行验证。实验是这样进行的：在噬菌体的一条多核苷酸链的两个相邻的核苷酸中间插入一个核苷酸，这一新插入的核苷酸所引起的突变会使译码过程中读码的起点移位，导致肽链中插入了一段不正确的氨基酸。在此基础上，再在该噬菌体的核苷酸链中插入核苷酸的位置减去一个核苷酸或者加上两个核苷酸，编码蛋白质的结果就会恢复到原来的样子，不再发生突变。实验说明遗传密码是由三个核苷酸组成的。

克里克和布伦纳根据实验得出三个结论：（1）信息从基因的一端不重复地连续读取，信息阅读得对不对，取决于信息的读取起点；（2）信息的读取以三个核苷酸为一组；（3）大多数三联体密码都可以决定一个氨基酸的合成，只有少数是没有意义的，因此有很多种氨基酸有一个以上的同义密码。

1961 年夏，美国生物化学家马歇尔·尼伦伯格和德国科学家马太取得了突破性的进展。他们建立了一个无细胞蛋白质体外合成系统，可以在其中利用人工合成的 RNA 合成多肽（蛋白质）。当他们把人工合成的、全部由尿嘧啶（U）组成的 mRNA 加入这个无细胞蛋白质体外合成系统后，得到的合成蛋白质只含苯丙氨酸，从而说明 UUU 是编码苯丙氨酸的密码子。随后，西班牙裔美国生物学家塞韦罗·奥乔亚和同事进行了一系列的破解实验，在一年的时间内弄清楚了许多氨基酸的三联体密码。1964 年，印度裔美国分子生物学家科拉纳确定了密码排列的顺序问题。

1966 年，克里克根据已经取得的成果排列出遗传密码表。

20 世纪 70 年代，比利时根特大学的菲尔斯等人用 MS2 噬菌体做材料，对三联体密码进行了验证。他们分析了 MS2 噬菌体外壳蛋白中 129 个氨基酸的顺序，以及与外壳蛋白对应的 390 个核苷酸的顺序，结果发现完全符合遗传密码表上的对应关系。至此，三联体密码系统正式为人们所认同（见表 9-1）。

表 9-1　三联体密码表[15]

第一个字母	第二个字母								第三个字母
	U		C		A		G		
U	UUU	苯丙氨酸	UCU	丝氨酸	UAU	酪氨酸	UGU	半胱氨酸	U
	UUC		UCC		UAC		UGC		C
	UUA	亮氨酸	UCA		UAA	终止密码	UGA	终止密码	A
	UUG		UCG		UAG		UGG	色氨酸	G
C	CUU		CCU	脯氨酸	CAU	组氨酸	CGU	精氨酸	U
	CUC		CCC		CAC		CGC		C
	CUA		CCA		CAA	谷氨酰胺	CGA		A
	CUG		CCG		CAG		CGG		G
A	AUU	异亮氨酸	ACU	苏氨酸	AAU	天冬酰胺	AGU	丝氨酸	U
	AUC		ACC		AAC		AGC		C
	AUA		ACA		AAA	赖氨酸	AGA	精氨酸	A
	AUG	起始密码	ACG		AAG		AGG		G
G	GUU	缬氨酸	GCU	丙氨酸	GAU	赖氨酸	GGU	甘氨酸	U
	GUC		GCC		GAC		GGC		C
	GUA		GCA		GAA	谷氨酸	GGA		A
	GUG		GCG		GAG		GGG		G

到目前为止，三联体密码在整个生物界都是通用的，这从侧面证明生物界是统一的有机体。三联体密码也从分子水平上证明了有机体遗传信息传递的规律性，让生物信息的变化更加有章可循。

30 亿字的“生命之书”

在人类 DNA 双螺旋结构模型被诠释之后，很多生物学家开始尝试解读人体中所有的遗传信息。这个想法很大胆，也很有挑战性。人类基因组中大约有 30 亿个碱基对，其中蕴含的信息就像天书一般，因此解读人体 DNA 碱基对的计划被戏称为对天书的解读。这一计划的正式名称为人类基因组计划，简称 HGP 计划。该计划最先由美国能源部提出。

1984 年 12 月，美国能源部在犹他州盐湖城召开研讨会，为着手分析人类的 30 亿个碱基对做准备。这 30 亿个碱基对中蕴含了 2 万余个基因，能编码生物体遗传特征的碱基只是其中的一小部分，绝大多数碱基都不编码基因，这一类密码被称为内含子。这个名字很形象，就是含在其中，却没有什么具体的作用。但是现在给它下定义，认为它没有具体的作用还为时尚早。内含子的作用不容小觑，比如它的存在可以降低有用基因的突变概率，起缓冲和保护作用。

1986 年 5 月，人类基因组计划草案正式形成。这项工作完全可以媲美人类登月计划，所以它又被称为人类生命史上的“登月计划”。1989 年，美国国立卫生研究院正式成立了国家人类基因组研究中心，由时任冷泉港实验室主任的沃森教授，也就是 DNA 双螺旋结构的发现者担任研究中心的第一任主任，计划在 2005 年完成该项目。由于这一计划的规模过于庞大，需要全球各个国家的科学家鼎力支持，英国、日本、法国、德国等国家相继加入。1999 年，中国成为第六个加入人类基因组计划的国家，并承担了人类第 3 号染色体短臂上约 30Mb① 区域的测序任务，这一区域约占整个人类基因组计划的 1%。

人类总共有多少染色体呢？人类不管男女都有 23 对染色体，其中 22 对是男女共有的，叫作常染色体，剩下的 1 对因为涉及性别，所以叫作性染色体（见图 9–2）。其中男性的性染色体包含一条 X 染色体和一条 Y 染色体，女性的性染色体包含两条 X 染色体。Y 染色体比 X 染色体的个头小很多，仅相当于后者的一半大。也许有人会问，怎么区分这么多形状不确定的染色体呢？我们可以通过染色，让它们在显微镜下尽量伸展开，然后固定拍照，再根据形态大小分类。人体的每对染色体都有自己的编号，这样就不会难以区分了。

每条染色体都分别控制着不同的基因，进而控制着不同的性状。人类基因组计划把每条染色体分给不同国家的研究中心，再汇总具体的结果，最后将信息向全世界共享。

在人类基因组计划开始实施的前期，整个计划进行得不太顺利。由于测序方法落后，进程严重滞后。这个时候，出现了一位“生物鬼才”——美国塞莱拉公司首席执行官克莱格 · 文特尔，他发明了一种被称为“鸟枪法”的基因组测序技术。这

① 我们称 1 个碱基对为 1bp，1 000 个碱基对为 1kb，而 1 000kb=1Mb。

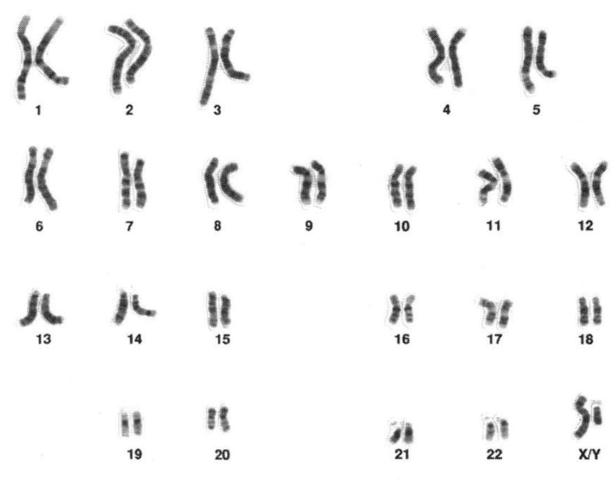

图 9-2　人类的 23 对染色体[16]

种技术利用酶化学方法，如限制性内切酶，或者利用物理手段，如剪切力、超声波等把我们要测定的目标基因切成若干小片段，然后将这些片段与质粒载体结合，再通过筛选将重组后的目标 DNA 分离和回收。

这种方法大大地提高了基因提取的效率，但是由于目标基因在整个基因组中太少且太小，因此在相当程度上还是需要靠运气，所以这种方法被称为“鸟枪法”或“霰弹枪法”。

2005 年，人类基因组计划的测序工作全部完成。这项工作是全世界多个国家的科研中心通力合作的结果。人类至此破译了自己的“生命之书”，但是书中的具体含义仍需要我们逐字逐句地认真解读，只有这样才能真正地了解我们自己。

第 10 章
基因编辑

孟德尔和摩尔根的遗传学定律为我们揭示了遗传的本质，阐明了某个基因发生突变，或者几个等位基因中的一个或几个发生变化都有可能导致遗传病。但是在大多数情况下，人类的寿命长短、智力和机体状态等是由多种基因相互作用的结果。基因和环境与遗传病之间保持着精妙的平衡。

基因对比与基因诊疗

人类的很多疾病都与遗传有关，大多数遗传病都是先天性疾病，例如尿黑酸尿症、血友病、唐氏综合征。但是也存在很多在出生时没有任何外在表现，直到一定的年龄才会发病的疾病，比如肌营养不良在儿童期就会发病，亨廷顿舞蹈症在25～45 岁发病，痛风在 30～35 岁发病……我们身边有很多与遗传有关的疾病检查项目，其中最常见的可能是孕妇在产检时会做的唐氏综合征产前筛查（简称唐氏筛查），这项检查用于判断胎儿患有唐氏综合征的危险系数。

唐氏综合征也被称为21–三体综合征，患者体细胞内有3条21号染色体，是最早被确定的染色体疾病。患有该病的胎儿一半以上会在母体中流产，即使正常出生也会表现为智力低下、发育迟缓，需要终生照料和供养，会给患儿家庭造成极大的精神压力和经济负担。家族遗传史和高龄产妇是该病的高危因素。如果孕妇经常接触各种化学药品或者放射性物质，胎儿也有可能罹患这种疾病。

其实人类的遗传病多达四五千种，包括血友病、色盲、佝偻病……它们大多无法根治，会伴随患者一生。

基因诊疗的主要工具是基因探针，这种探针带有某些遗传病的基因片段，这些片段有各自独特的易于被识别的特征，比如荧光标记。当利用这些片段和目标基因进行杂交实验时，如果二者配对成功，这种荧光标记就会在人体内通过特殊的显色手段表现出来，我们就能判断这个人携带了特定遗传病的基因，存在患有这种遗传病的风险，进而可以提早进行针对性的干预。

除了唐氏筛查技术，近些年来还出现了另外一种高效的技术，即无创产前筛查技术。由于唐氏筛查的准确率很低，只有60%左右，很多原本比较健康的胎儿都会被检测出呈假阳性，给准妈妈的家庭带来了不小的忧虑。面对这种情况，有部分孕妇会选择做羊膜穿刺术。虽然羊膜穿刺术得到的结果比唐氏筛查准确，但是也存在一些潜在风险，比如羊水渗漏、感染等，这些情况不利于胎儿的发育。因为胎儿的部分游离 DNA 片段会出现在母亲的血液中，所以无创产前筛查可以利用 DNA 测序技术，通过检测孕妇的静脉血进行胎儿的生物信息分析，从而确定孩子罹患遗传病的风险。

基因对比可以用于刑侦破案。2016 年，警方抓获了白银市连环杀人案的犯罪嫌疑人，从他首次作案到最终落网已经过去 28 年。为什么 28 年来未能破获的悬案能在 2016 年水落石出呢？这就要归功于对 DNA 中 Y 染色体的比对。

事件的转机源于犯罪嫌疑人高承勇的一个远房亲戚。该亲戚在外地违法之后被当地警方逮捕，警察提取了他的 DNA，并和数据库中一些未破的大案、要案的犯罪现场遗留的 DNA 进行比对。警方发现，其 DNA 中 Y 染色体的基因与白银案现场遗留的 DNA 高度相似，因此基本确定白银案的犯罪嫌疑人应该是这个家族中的男性成员。

秘密调查随即展开。经过缜密的分析和对该家族多位男性成员抽血化验后，振奋人心的消息传来了。经过比对，高承勇的 DNA 与犯罪现场遗留的 DNA 完全吻合，可以确定高承勇就是白银市连环杀人案的犯罪嫌疑人。事后，犯罪嫌疑人高承勇向记者坦白，当有人来抽血化验时，他便觉得这一天终于来了，一切都完了。他的妻子也证实，高承勇在抽血后，整个人都变了，变得沉默寡言，不爱出门。这也说明他已经明白，在高科技手段面前，即使过去28年，他依旧逃脱不了法律的制裁。

这个案件的破获有两个关键点，一是高承勇家族有人犯罪，二是男性。

拿高承勇家族犯罪者的DNA和未破解的案件现场获得的DNA进行比对，可能得不到完全匹配的答案，却能够得到相近的答案，这就锁定了犯罪嫌疑人的范围。

我们再来看看另外一个关键词：男性。Y染色体只存在于男性体内，遵循非常严格的父系遗传：在遗传过程中，儿子的Y染色体只能源于父亲。一个家族的Y染色体会一直在该家族各代际的男性中延续下去。由于Y染色体主干的绝大部分基因不会发生基因重组，基本的基因序列会延续下来，所以它具有一定的稳定性。我们可以根据这些序列的相似比例来判断人与人之间亲缘关系的远近。这就是我们可以依据犯罪嫌疑人高承勇的男性远房亲戚的DNA与甘肃白银市连环杀人案现场遗留的DNA高度相似这一点，判定犯罪嫌疑人就是他们家族中的男性的原因。

试想如果我们以后能建立起全国人口的DNA数据库，那么只要将犯罪现场搜集到的信息与数据库中的信息进行比对，任何嫌疑人都无法逃脱法律的制裁。

伴随着DNA比对等技术的逐步发展和普及，几乎任何蛛丝马迹都会在技术的显微镜下被彻底放大，任何想侥幸逃脱法律制裁的行为都会成为徒劳，因此科学技术也成为我们现代社会秩序稳定的保护神。

质粒和限制性内切酶

基因作为控制遗传性状最关键的物质，我们无法从宏观的角度对它做任何改变，因为它实在是太小了，小到无法用肉眼或者放大镜去观察它的形状。那么，我们该如何修改我们身体中的基因呢？这要用到质粒及对应的限制性内切酶。

什么是质粒呢？它是一种能自主复制的双链 DNA 分子，能稳定地独立存在于染色体之外。它的结构比最简单的病毒还要简单，不像很多病毒那样拥有蛋白质外壳，也不像我们身体中的细胞那样具有自己的生命周期。但是它有一项很重要的本领：能够独立生活在寄主细胞中，利用寄主细胞的 DNA 复制系统自主复制，并随着寄主的生命活动继续遗传下去。

如果把质粒比作修补衣服的布料，那么限制性内切酶就是一把锋利无比的剪刀。它拥有神奇的功能，可以有选择性地剪开质粒和要导入宿主细胞的基因，在连接酶的帮助下，二者的黏性末端能重新黏合，基因片段就能成功地拼接在质粒上。这种经过人工改造的质粒可以作为载体，将外源基因引入宿主细胞。

其实质粒有很多种，限制性内切酶也有很多种。就好像我们的工具箱，箱子中装满了各式各样的剪刀和五颜六色的布料，我们可以随意缝制我们自己设计的“基因服装”。

质粒有很多种，它们都有各自不同的特点。在我们自己设计和剪裁的过程中，有的质粒可能由于种种原因没有被剪开，或者被剪开后连接上了别的非目标的基因片段。质粒太小，数量巨大，我们该如何辨别哪些质粒携带的外源基因已经成功在宿主身上表达了呢？

每个作为载体的质粒上都有一些具有特异性的点缀，这些点缀可以像抹布一样擦除或吸附污渍。我们把已经完工的作品（经过改造的宿主细胞）放在有污渍的地方，那么能够去除污渍的物质就是我们需要的、成功拼接了质粒载体携带的外源基因的细胞。而那些污渍无法被去除的就是没有完成基因拼接的失败作品。所以每个质粒要想被用作载体，必须具备三个基本的条件——复制能力、选择性记号和克隆位点。

有了这些独特又神奇的工具，我们就可以按照自己的设计去改变原来的基因，做自己的主人。

基因魔剪：三代基因编辑工具的进化史

2020 年 10 月 7 日，瑞典皇家科学院秘书长戈兰·汉松教授宣布将 2020 年诺贝尔化学奖授予美国化学家珍妮弗·杜德纳和法国生物化学家埃玛纽埃勒·沙尔庞捷，以奖励她们“开发了一种基因编辑的方法”，这种方法可以用于改变动物、植物和微生物的DNA。消息一出，CRISPR/Cas9这种重要的基因编辑工具进入了公众的视野。

当人类从理论上找到了可以从基因层次修改遗传信息的方法之后，如何将理论变为现实成为横亘在我们面前最大的一道难题。首先，我们得找到目标基因序列，在30亿字的“天书”面前，想要找到几十个字母的连续片段绝非易事；其次，要找到合适的切割DNA片段的“剪刀”，将要植入或替换的DNA片段植入；最后，要有合适的“针线”，将切割开的DNA片段缝合起来，并且使其有效地发挥作用。这三道难关就像三座坚实的堡垒，想攻克其中的任何一座都实属不易。

在了解第三代基因编辑工具CRISPR/Cas9之前，我们先简单了解一下第一代和第二代基因编辑工具。

1969年，美国生物化学家罗伯特·罗德首次在真核生物中发现了三种不同功能的RNA聚合酶Ⅰ、RNA聚合酶Ⅱ、RNA聚合酶Ⅲ，它们是三种能以DNA为模板转录出RNA单链的蛋白质。1980年，罗德实验室又发现了有些蛋白能够帮助RNA聚合酶启动DNA转录过程，里德将它们称为“转录因子”。其中一种转录因子TFⅢA尤其令他们感兴趣。与其他转录因子不同，TFⅢA不能帮助所有RNA分子转录，只能在RNA聚合酶Ⅲ对5SrRNA的基因进行转录时，特异性识别并结合在5SrRNA的基因序列上，辅助RNA聚合酶启动基因的转录。这意味着 TFⅢA 蛋白就像一辆自带 GPS（全球定位系统）的汽车，能够精准到达目的地——基因位点。那么 TFⅢA 是如何在几十亿个碱基对里一眼识别出 5SrRNA 基因的序列特征的呢？

1983 年，纽约州立大学石溪分校的科学家发现，TFⅢA 蛋白需要锌离子的协助才能有效结合 DNA 序列。1985 年，英国科学家和分子生物学家亚伦·克鲁格提出锌指蛋白结构，认为 TFⅢA 蛋白中含有识别 DNA 的模块，每个模块包含大约 30 个氨基酸和几个锌离子。游离的氨基酸残基围绕在锌离子周围，形成类似手指的立体结构。1994 年，美国约翰斯·霍普金斯大学的教授斯里尼瓦桑·钱德拉塞嘉兰在研究黄杆菌属细菌时，发现这种细菌中的 Fok I 蛋白具有剪切双链 DNA 分子的功能。1996 年，钱德拉塞嘉兰教授终于让锌指蛋白和 Fok I 蛋白的剪切部分组合在一起，组成了一种可以识别并剪切任意目标 DNA 序列的“杂种”蛋白，钱德拉塞嘉兰教授将它命名为“锌指核酸酶”（Zinc Finger Protein，ZFP）。加上已经发现的基因组“针线”——细胞内的两种 DNA 修复技术，就组成了第一代基因编辑工具。第一代基因编辑工具自身的立体结构相对较大，容易覆盖邻近的碱基。如果要提高识别的效率，并且减少脱靶效应[①]的出现，就要不断增加锌指蛋白的数量，因

---

① 脱靶效应即基因编辑过程中在基因组的非目标位置引起的非必要 DNA 突变或基因沉默的现象。——编者注

此这种耗时耗力的第一代基因编辑工具很快就被效果更好的核酸酶取代了。

1996 年，德国马丁路德·哈勒维滕贝格大学的细菌学家乌拉·伯纳斯在研究一种由植物病原体黄单胞菌引起的植物病害——柑橘溃疡病时，发现黄单胞菌能够将自身一种名为 AvrBs3 的蛋白注入植物细胞。经过十多年的进一步研究，伯纳斯教授和其合作者最终发现这种 AvrBs3 蛋白拥有和转录因子相似的功能，侵染细胞后能激活植物细胞中特定基因的表达，使得病原体在植物细胞中易于生存。科学家们随后发现了多个类似 AvrBs3 蛋白的类转录因子，他们将这类蛋白统称为转录激活因子样效应物（TALE）。2011 年，来自美国麻省理工学院布洛德研究所的华裔科学家张锋率先和合作者设计并组装出全新的 TALE 蛋白，并且证明它可以精准定位人类基因组并调节邻近基因的表达。同年，美国圣加蒙公司也证实，将 TALE 蛋白与 Fok I 蛋白进行连接，能够对基因组实施精准而高效的编辑，新一代基因编辑技术转录激活因子样效应物核酸酶（TALENs）由此宣告诞生。这种技术已经对多种生物的基因进行了编辑，它具有可以人工设计、便捷等优点，但是它也存在一个致命的缺点——体积过大，要识别一段含有一定数量碱基的 DNA 片段，所需的 TALE 蛋白是 ZFP 的三倍大，若再加上“剪刀”Fok I 蛋白，这段基因序列可能会长到诱发机体免疫应答。因此，第一代基因编辑技术和第二代基因编辑技术都不是我们理想中的基因编辑技术。

第三代基因编辑工具 CRISPR 最早是被日本科学家石野良纯发现的。1987 年，石野教授在分析大肠杆菌的 DNA 时，发现其 DNA 结构中存在一些奇妙的片段。这种片段是由数十个碱基构成的短序列，呈回文结构（顺读或反读的序列一致），多次重复，但是这些片段究竟有什么作用，无人知晓。

1993 年，西班牙科学家弗朗西斯科·莫伊卡在研究一种地中海嗜盐古菌时，也在其基因组中发现了这种奇怪的回文片段。这些片段由 30 个碱基构成，而且会不断重复。两段重复序列之间是由 30 余个碱基构成的间隔序列。这种序列在 20 多种不同的细菌中均有出现，而这一数字还在不断攀升。荷兰乌得勒支大学的鲁德·詹森和同事给这些规律性重复的 DNA 片段起名为“成簇规律间隔短回文重复”（Clustered Regularly Inter-Spaced Palindromic Repeats），为了方便使用，便取其首字母组成 CRISPR。这些重复回文序列究竟有什么作用呢？莫伊卡和同事经过对比，惊奇地发现大肠杆菌 CRISPR 中的间隔序列（而不是重复序列）与攻击大肠杆菌的噬菌体的 DNA 片段是相同的，于是发表论文提出 CRISPR 可能是细菌的一种适应性免疫系统的假说。这种假说后来被证实是正确的。

研究人员弄清楚了 CRISPR 的功能，但还不了解它是如何发挥作用的。在最终解开这个谜题之前，我们要先了解两位女科学家——珍妮弗·杜德纳和埃玛纽埃勒·沙尔庞捷。她们利用细菌的 CRISPR 序列生成病毒 DNA 的 RNA 序列，再由 RNA 分子引导 Cas9 蛋白识别病毒基因组的特定位点进行切割，造成病毒 DNA 双链的断裂。这说明这一新工具兼具 GPS 和剪刀的功能，既能定位具体的切割位置，又能实际操刀进行切割。2012 年，沙尔庞捷和杜德纳将研究成果发表在《科学》杂志上，宣告了第三代基因编辑技术 CRISPR/Cas9 的诞生。

与前两代基因编辑技术——ZFP 技术和 TALENs 技术相比，CRISPR/Cas9 高效、快速、便捷，它在医疗、农业、畜牧业等方面都有广泛的用途。但是它也并非完美，由于 CRISPR/Cas9 是一种单链酶，自身具有不稳定性，容易发生突变，进而也会带来“脱靶”效应。因此，在基因治疗领域，CRISPR/Cas9 的安全性、可靠性值得我们关注。不断寻找新的切割工具已经成为我们未来最重要的目标，但是无论如何，CRISPR/Cas9 依然是目前最重要、最实用的基因编辑利器。

操纵人类基因

在掌握了基因编辑的工具之后，人类开始尝试对自身基因进行编辑。

1990 年 9 月，美国国立卫生研究院顾问委员会首次批准了基因疗法在临床上的试用。病人是一位因缺少腺苷脱氨酶（ADA）基因而患有先天性重症联合免疫缺陷病，几乎丧失了全部免疫功能的4岁女孩。出现这样的情况，患者需要生活在无菌密闭的环境中，稍有不慎就可能过早地死亡。美国国立卫生研究院的医疗团队首先从女孩的血液中提取了T细胞，在体外利用逆转录病毒载体，把能够正确编码腺苷脱氨酶的ADA基因插入女孩的T细胞中，让其在体外大量繁殖扩增，然后将这些经基因工程改造后的T细胞输入女孩体内。经过治疗，她的生活和正常人无异。这个女孩治疗上的成功，标志着人类在治疗遗传病方面进入了一个全新的阶段。

基因编辑技术是对特定基因组中的部分基因实施删改、替换的技术。人类基因编辑技术在临床上的实践领域主要分为基因治疗和基因增强两大类。由于人体的细胞分为体细胞和生殖细胞，所以针对不同的细胞进行基因层次上的干预可以细分为体细胞基因治疗、生殖细胞基因治疗、体细胞基因增强和生殖细胞基因增强四类。

一般来说，基因治疗的主要目的是治疗和预防疾病，在DNA层面对人体的缺陷基因进行调整，以达到生命体活动所需要的正常基因水平，实现个体化的精准医疗。目前的基因治疗技术已经可以对单个基因靶位点进行识别、判断和替换，针对某些单基因遗传病，比如色盲、镰状细胞贫血，临床上已经能够熟练运用基因治疗技术对其进行防治。近年来，随着科技的迅猛发展，基因治疗已经在多种适应证中发挥了重要作用。进入临床开发或上市的药物适应证包括血友病、部分神经退行性疾病等发病原因和治疗机制相对明确的遗传病和癌症。基因治疗的优势在于能从根本上解决问题，有望实现一次治疗，终身治愈。根据市场调研机构 Fortune Business Insights 发布的报告，2019 年基因治疗的市场规模已经达到 36.1 亿美元，全球已有 20 多个基因治疗产品上市。

基因治疗给我们提供了一个前景更加广阔的思路，然而这一技术依然处于起步阶段，理论研究不够完善，实践应用不够成熟，因此我们也应该更深入地思考如何在利用它造福人类的同时，最大限度地规避它可能带来的遗传风险和伦理问题。

一方面，在针对目标基因进行修改的时候，可能会对其他的正常基因产生明显的影响。事实上，基因编辑技术在临床上的应用中已经出现一些明确的副作用。2000 年，法国内克尔儿童医院的研究团队利用基因编辑技术成功地对 X 连锁重症联合免疫缺陷病（XSCID）患者进行了治疗，引发了极大的关注。但是情况却在此后急转直下，20 名接受这种治疗的患者中，有 5 人患上白血病，其中 1 人死亡。随后进行的调查发现，在利用基因编辑技术时，医护人员在基因组中随机插入了可能激活癌症基因表达的基因序列。在对体细胞或是生殖细胞进行基因编辑时，由于实验技术问题，会有一定的概率引发脱靶效应，并且这种脱靶是随机出现的。我们无法估算它带来的影响，也不能把全人类的命运赌在“掷骰子”的游戏上。对于这种可能存在的风险，我们一定要有清醒的认知。即使对目标位点的基因编辑取得成功，被引入的外源基因也可能激发人类原癌基因的表达，带来不可预估的风险。

另一方面，与针对遗传病的基因诊疗相比，我们最担心的仍然是非医学目的的人类基因编辑技术引发的伦理问题。自发现基因控制生物体性状的秘密后，人类已经不再满足于停留在被动应对状态，而是希望自己掌控命运，从根本上调控甚至改变自己的基因。2018 年 11 月，贺建奎“基因编辑婴儿”事件在全球范围内引起轩然大波。伴随着后基因组时代的到来，人类基因编辑技术本身带来的伦理和法律问题日益突出。

技术本身是无罪的，威胁人类生存的可能不是技术本身，而是使用技术的人。除了实践中的风险不可控，基因编辑技术在社会层面对人类的影响也是巨大的。如果我们能够随意操纵一个人的遗传基因，那么智力、容貌、身体素质等一系列性状在其后代出生之前就可以被完全设计好，社会层面的竞争会更加复杂。从人性尊严和生存价值的角度来说，基因编辑技术的发展甚至会危及人的本质。

我们可以在符合伦理要求的情况下，在患者知情和允许的范围内进行医学目的的基因治疗，帮助患有严重遗传病的患者缓解甚至摆脱痛苦。但是其他出于非医学目的的实验需要经过严格的讨论和评估，获得授权后才能展开，否则最终会严重威胁人类的存续，这是一个关乎人类命运的重大问题。

第四部分

环境与人类

从进化时间的角度来看，所有物种都有着共同的远古祖先，我们的基因由同一套三联体密码构建。我们排除万难地生存与繁殖，才有今日的生命。

1735 年，林奈所著《自然系统》中的英国鸟类插画。[17]

第 11 章
环境与人口的平衡博弈

生态环境的发展与我们人类密切相关，它关系到子孙后代的切身利益。伴随着科技的发展，人口呈几何级数增长，环境污染、能源危机、粮食短缺等问题频频出现，工业文明在给人类带来各种便利的同时，也导致了生物多样性的严重破坏，生态环境面临着前所未有的压力。

物种入侵：历时 150 年的生态较量

随着全球化进程的持续推进，生态环境面临着诸多挑战，也出现了很多人类之前不曾遇到的难题。

物种入侵在全球范围内造成了恶劣的影响。1958 年，英国生态学家查尔斯·埃尔顿在《动植物的入侵生态学》中首次提到了“生物入侵”的概念：某种生物从原来的分布区域扩展到另一新的（遥远的）区域，在新的分布区域内，其后代可以不断繁殖和扩散并将这一状况维持下去。经过长时间的生态演化，全球各个群落之间的食物链都已经形成固定的模式，并且存在相互制约的关系，因此可以在很长时间内维持一种平衡状态。可是，如果有一个外来物种来到一片陌生的区域，适应了当地的生存环境，同时又没有可以制约它的天敌，它就有可能独立在食物链之外，种群数量激增。换句话说，如果没有天敌且环境适宜生存，那么这一物种的数量会呈现指数级增长。当数量达到一定程度后，就会对当地的原生动植物乃至当地的生态环境产生不可估量的影响。

近年来，全球范围内这样的例子越来越多，包括欧洲野兔在澳大利亚的肆虐、澳大利亚泛滥成灾的仙人掌、加拿大一枝黄花在中国的野蛮生长……其中最有名的要数仙人掌入侵澳大利亚，这是一场历时 150 年的生态较量。

关于 18 世纪 80 年代仙人掌入侵澳大利亚，有一段鲜为人知的故事。这个故事要从小小的胭脂虫说起。胭脂虫体内含有胭脂红酸，可被用于加工生产重要的红色染料——胭脂虫红。这种染料主要来自胭脂虫的尸体，而正是这种胭脂虫导致了仙人掌在澳大利亚境内的泛滥。这究竟是怎么回事呢？

原来英国军队的军服是大红色的。英国军队来到澳大利亚后，需要用到大量的红色染料制作军服。胭脂虫被研磨之后能产出特殊的红色染料，这种染料有着明显的优势：着色性强、纯度高、稳定性好，不易褪色，因此英国军队需要用到大量的胭脂虫。然而，当时的胭脂虫养殖业被西班牙垄断了，进口价格高昂。为了降低成本，英国开始筹划把胭脂虫养殖业引入自己的殖民地澳大利亚。胭脂虫有一个重要的特点——以仙人掌为食，因此要喂养胭脂虫，就需要种植大量的仙人掌。

仙人掌被引入澳大利亚之后，从原来的食物链中脱离出来，新环境中又没有它们的天敌，也就是没有以仙人掌为食的动物，因此仙人掌开始了野蛮生长。仙人掌的繁殖能力很强，生存能力也比当地很多原生植物强得多，很快就将原先的植被挤占得几乎没有生存空间。1912 年，有 1 000 英亩田地被仙人掌侵占；1920 年，侵占面积发展到 6 000 万英亩。这是一个非常危险的信号，很多以其他植物为食的动物因此面临数量锐减甚至灭绝的危险。

当地政府采取了多种手段，但是仙人掌繁殖的速度过快，以致收效甚微。如果铲除得不干净，很快仙人掌又能将本土植被挤占得一点儿生存空间都没有。无奈之下，人们只能采取在土地上喷洒重金属的方式杀灭仙人掌。这种做法的副作用很大，用药的土地上寸草不生，在杀灭仙人掌的同时，其他的植物也被杀死了。在土地复苏的过程中，其他植物的生命力又没有仙人掌顽强，因此仙人掌的蔓延还会恢复到喷洒重金属之前的状态。

1925 年，人们开始尝试采用生态处理方法，引入仙人掌的天敌——仙人掌蛾进行治理。这种蛾以仙人掌为食。由于食物充足，仙人掌蛾繁殖得很快，不久就抑制住了仙人掌的扩张，达到了生态平衡。同时由于仙人掌蛾在当地有自己的天敌，能够融入食物链，因此才能把仙人掌也拉入当地生态圈中的食物链，最终让整个系统恢复平衡状态。

伴随着全球化脚步的日益加快，我国各地也不同程度地受到外来入侵物种的影响，入侵物种包括紫茎泽兰、微甘菊、水葫芦、美国白蛾、非洲大蜗牛等。其中最著名的是“植物杀手”微甘菊的入侵事件。

微甘菊是其中一种极具代表性的物种，也是一种入侵性和危害性极强的外来物种，更是当今全球热带、亚热带地区危害程度最严重的杂草之一。它原本生长在中南美洲，是一种菊科植物，可以有性生殖，也可以无性生殖，种子数量巨大。它具有超强的攀缘能力，可以依附在乔木和灌木之上，依靠它们的枝干继续生长。由于微甘菊繁殖速度快，生长力强，很快便将原本附着的植物遮盖得严严实实，阻挡它们进行光合作用，导致它们的死亡。微甘菊对低矮的次生林、人工速生丰产林、经济林、风景林的危害极大，因此它也被称为“植物杀手”。

微甘菊的入侵很可能会造成整个生态系统灾难性的变化，导致植被死亡、动物失去庇护所、生态环境濒临崩溃等。由于中南美洲存在微甘菊的天敌，它的繁衍速度没有这么快，但是作为入侵物种来到中国之后，缺少相应的天敌，它们便肆无忌惮地生长，对当地的生态系统造成了毁灭性的打击。我国多地，例如腾冲市、台山市、深圳市都出现了微甘菊的身影。在深圳蛇口工业区附近有一座占地约 7 000 亩[①] 的海岛内伶仃岛，这座岛是野生动物的天堂，岛上生活着包括中华穿山甲、猕猴、豹猫、缅甸蟒等多种国家重点保护动物。自 1996 年微甘菊登陆这个世外桃源般的小岛，灾难就开始了。大片林木死亡，野生动物失去生存的家园、数量锐减，部分珍贵的野生动物甚至濒临灭绝。为了拯救这座野生动物的乐园，深圳市不得不投资 1 000 多万元对微甘菊进行人工清除。

随着经济的发展、交通的便捷化，物种之间跨地域流动已经成为常态，物种入侵的现象一定要引起我们的广泛注意。目前外来物种的入侵渠道十分多样，主要包括自然入侵、无意引进和有意引进三大类。大规模物种入侵会改变当地原有物种的生存环境和食物链，严重破坏当地的生物多样性和生态安全，我们要始终绷紧生态防治的弦。

避免《寂静的春天》的悲剧

1962 年美国海洋生物学家蕾切尔·卡森撰写的《寂静的春天》在波士顿出版，随后很快轰动全球。她在书中描绘了一个“听不见鸟鸣的”小村庄，这个村庄中发生了让我们扼腕叹

① 1 亩约为 666.67 平方米。——编者注

息的事情：人类用自己的科学知识、用新的科技产品滴滴涕（DDT）——一种有机氯杀虫剂污染了自己赖以生存的环境，无论是陆地还是海洋，无论是天空还是地下，都充斥着污染物，最终人类毁灭了自己。

卡森出生于美国宾夕法尼亚州，1932 年在约翰斯·霍普金斯大学获动物学硕士学位。1936 年，卡森以水生生物学家的身份成为美国鱼类及野生动植物管理局第二位受聘的女性。1941 年，卡森出版了自己的第一部作品《海风下》，这本书也成为其"海洋三部曲"的开篇之作。她在书中记录了北美东海岸海洋动物的行为及其生存和死亡的现象。"海洋三部曲"的后两部分别为 1951 年出版的《环绕我们的海洋》和 1955 年出版的《海洋的边缘》。而她最负盛名的作品《寂静的春天》"为人类用现代科技手段破坏自己的环境发出了第一声警报"。在这本全球销量超过 2 000 万册的作品中，她用理性的笔调展示了敬畏生命的人文情怀和对环境污染的担忧。卡森的这本书是划时代的，在此之前，环境是我们消费的对象，而在此之后，环境才逐渐成为被保护的对象。1972 年，美国宣布禁止使用 DDT。同年，联合国在斯德哥尔摩召开了"人类环境会议"，各国签署了《联合国人类环境会议宣言》。之后，《生物多样性公约》《保护臭氧层维也纳公约》《联合国气候变化框架公约》等国际公约不断出现，各国政府都积极开展了保护环境的具体行动。

卡森在《寂静的春天》中将DDT比作“死神的特效药”。为什么在田野中使用DDT杀虫会产生这么大的危害呢？整个地球是一个完整的生态系统，在这个生态系统中，有生产者、消费者和分解者。人类处在生物链的顶端，我们的生产和活动方式极大地影响着环境的稳定。当我们向田野中施用DDT时，DDT会在环境中积累，同时会被植物吸收。食草动物或者人类直接食用这些植物时，就会将DDT吃进体内。这种化学药品是很难被分解的，会逐步在我们体内积累，长此以往，就会给我们的身体带来负担、产生损害，等我们意识到的时候为时晚矣。这也提醒我们，整个地球是一个完整体，我们应该合理科学地利用我们的科技，同时要着力保护我们赖以生存的环境，否则终将损害自己。

由人为因素造成生态环境急剧恶化的例子很多，其中比较著名的就是切尔诺贝利核电站泄漏事故。

切尔诺贝利核电站位于乌克兰北部，位于乌克兰首都基辅以北130千米处，它是苏联在乌克兰境内修建的第一座核电站。切尔诺贝利曾经被认为是最安全、最可靠的核电站，1986年的一声巨响彻底打破了这一神话，核电站4号反应堆发生爆炸，其辐射量相当于日本广岛原子弹爆炸所释放的辐射量的500倍。超过2 000平方千米的土地被划为长期隔离区。事故导致几十万人受放射性物质的长期影响而死亡或罹患重病，至今仍有被放射影响而导致胎儿畸形的情况发生。该爆炸事件使机组被完全损坏，8 吨多强辐射物质泄露，尘埃随风飘散，致使俄罗斯、白俄罗斯和乌克兰的许多地区遭到核辐射的污染。专家称根除切尔诺贝利核泄漏事故的“后遗症”需 800 年，反应堆核心下方的辐射的自然分化甚至要几百万年。在相关纪录片中，记者在当地很多地方的地表或地下都能测量到很强的辐射值。白俄罗斯国家科学院研究人员指出，全球共有 20 亿人受切尔诺贝利事故影响，这是人类历史上最严重的生态污染事故。

实际上，生态安全的概念覆盖面很广，包括环境资源安全、生物与生态系统安全及自然与社会生态安全等。同时，人口数量也会对环境产生一定程度的影响。我们希望能在生态环境与经济发展中寻求一个平衡点，以满足双方的博弈，实现利益的最大化。

第 12 章
生命的时钟

长生不老一直是人类的梦想。很多古代帝王对永生都有着狂热的追求，他们炼丹服药，却不知道这些丹药中的绝大多数都含有有毒的重金属，身体很难代谢，长期服用会导致重金属在体内堆积，不仅不能延年益寿，反而有害健康。

受自然灾害、战争、疾病、生产力低下等因素的影响，古人的平均寿命往往只有二三十岁。《2022 年世界卫生统计》显示，2019 年，全球预期寿命和健康预期寿命分别为 73.3 岁和 63.7 岁。古今巨大的差异发人深省：人类寿命的极限究竟是多少？人类能否实现长生不老呢？

长寿的基因密码

我们在前文说过了细胞的发现，其实细胞也是有寿命的。

人体内不同细胞的寿命各不相同。比如，小肠黏膜细胞的寿命是两三天，血小板细胞的寿命是 7 天左右，红细胞的寿命是 120 天左右，肝脏细胞的寿命约为 500 天，而人类神经细胞的寿命要长很多，会伴随我们的一生。

正常情况下，人类的面容和年龄是基本相符的，即便不时地出现一些所谓的“逆生长”现象，也大多与个人的心态、生活习惯、保健方式、化妆手段等因素密不可分。

从本质上讲，年龄的增长与衰老保持对应关系才符合自然规律。从呱呱坠地的孩童到两鬓如霜的老者，我们的容颜会逐渐发生变化，会长皱纹，会生白发，身体的机能也会退化，会出现驼背、行动迟缓、言语缓慢等问题。

在现实生活中，还有这样一类人，他们可能只有几岁或者十来岁，但是看起来就像七八十岁的老人，满脸皱纹，头发花白，甚至有的人还出现了驼背、走路蹒跚等问题，所以又被称为“10 岁的老人”。其实，他们是早衰患者，他们具有一些共同的特征，如发育延迟、头发稀少、皮肤老化、头皮血管突出、骨质疏松等。他们正是含苞待放的年龄，为什么会出现衰老症状呢？

研究发现，早衰和遗传存在密切的联系。这些患儿一般在 20 岁之前就会死亡。有人做过比较，早衰患者每过一天相当于正常人过 10 天，就像《西游记》里描述的“天上一日，下界一年”。早衰的发病率在八百万分之一到四百万分之一，如果家族没有遗传史，除非发生基因突变，否则不必担心这种疾病发生在自己和自己的孩子身上。

早衰给我们释放了一个重要的信号：人体中一定有控制衰老的“信号机关”，触碰这一机关就会开启人体的衰老进程。

裸鼹鼠是一种形态丑陋的啮齿类动物，看上去就像生化灾难中的变异生物。由于长期生活在地下，裸鼹鼠的视力高度退化，几乎丧失了视觉。它的皮肤表面几乎无毛，身体两侧从头到尾长着 40 余根触须，用来辨别方向和寻找猎物。神奇的是，这一名不见经传的物种竟得到了科学家的高度赞誉：“它的基因密码可以揭开人类的长寿基因宝盒。”

裸鼹鼠的寿命可达 30 岁，大概是类似大小的家鼠寿命的 10 倍。30 岁的寿命也许让很多人不以为然，但是如果换算一下，裸鼹鼠的 30 岁相当于人类的 500 岁。裸鼹鼠为何能如此长寿呢？科学家卡尔·罗德里格斯研究发现，裸鼹鼠的细胞因子具有保护体内蛋白酶的功能。人类在通过酶处理体内存在的垃圾，如代谢废物时，自身的蛋白质也会受到相应的损伤，最终导致细胞的死亡，就像日常的生活用品会出现磨损一样。裸鼹鼠的细胞因子可以有效地保护垃圾清扫工具——蛋白酶的活性，能延缓衰老的速度。

裸鼹鼠还有一个值得关注的特点，它从来不会罹患癌症。2013 年，顶级学术期刊《自然》杂志上发表了一篇关于裸鼹鼠的论文。文章中指出，裸鼹鼠体内存在一种叫作透明质酸的物质，这种物质在细胞表面大量富集，使得细胞之间的联系变得相对敏感。当细胞接触过于紧密时，透明质酸就会发出指令，触发接触抑制，让细胞停止分裂，从而阻止了癌细胞的生长。

裸鼹鼠是科学研究的模式生物，科研人员对它的研究一直在持续。裸鼹鼠身上有许多秘密有待揭示，期待有一天，通过它的帮助，人类能获取千百年来一直渴望的“超能力”，实现人类寿命达到理论寿命的目标。

那么人类的理论寿命究竟是多长呢？根据目前流行的三种人类寿命的假说，包括生长期测算法、性成熟期测算法、细胞分裂次数与周期测算法，人类的理论寿命普遍被认为介于120～150 岁。

永生的海拉细胞

海拉细胞源自美国黑人妇女海瑞塔·拉克丝。1920 年，她生于美国弗吉尼亚州的一户烟草农户家。她一共生育了 5 个孩子。1951 年 1 月，海拉在生完第五个孩子的时候发现自己的腹部出现了一个硬块。在约翰斯·霍普金斯大学医院就医的时候，医生发现她的宫颈处出现了一些紫葡萄大小的肿块，一碰就出血。同年 10 月，海瑞塔·拉克丝死于宫颈癌。医生将这种宫颈癌细胞取出并进行体外培养，结果发现这种细胞株不会消亡，可以无限地分裂下去。通常情况下，人类细胞在分裂

50 余次后就会消亡，而海拉细胞却没有任何消亡的迹象，这正是大家苦苦寻找的可以用来传代的细胞株！

全世界很多国家的实验室中都保存了这种细胞株，以作研究使用。根据初步的估算，海拉细胞经过 70 余年的复制和繁殖，分裂出的细胞重量已经超过 5 000 万吨，体积相当于 100 多栋纽约帝国大厦。海拉细胞株为至少 5 项诺贝尔奖的成果做出过贡献，它也成了首个被培养的人类细胞株。

但是在现实生活中，有一些罹患癌症的病人会在不接受任何治疗的情况下奇迹般地康复，这究竟是为什么呢？关于此种原因，众说纷纭，但是有一点是可以肯定的，这些癌细胞被身体中的一些未知的神奇因子制伏了。这种神奇的因子就是我们身体中的免疫因子。

癌症的致命之处在于两点，一个是缺少接触抑制，它可以随意生长，不受限制；另外一个就是可转移性。

什么叫接触抑制呢？这是正常细胞生长的关键特性。一旦这项本领出现问题，很多问题就“呼之欲出”了。其中最危险的是缺失了这项功能就会导致癌细胞没有限制地疯长。正常人的皮肤或者内部器官的表面如果出现损伤，我们的身体就会开始自我修复。随着皮肤的逐步恢复，伤口边缘收缩和拉合，一旦上皮细胞互相接触，就会触发细胞表面接触抑制的信号，生长就会停止，皮肤也会恢复往日的光滑。但是癌细胞不一样，其通常不存在接触抑制，能够无限增殖，逐渐向上方堆积，进而形成一个个鼓起的肿瘤。

癌细胞的另外一个重要特性就是可转移性。它可以在体内随着血液流动“四处游走”，找到合适的时机和地点就会穿破血管壁自由地着床生长。这也是到现在癌症让大家头疼的重要原因——我们无法预测和控制它的“四处游走”。

面对日益高发的癌症，我们不禁去想，为什么现在这些疾病的发病率会这么高呢？是之前一直这样，还是随着经济和社会的发展逐渐变高的呢？

中国国家癌症中心发布的2022年中国癌症疾病负担数据显示，排在癌症发病率榜单前五位的是肺癌、结直肠癌、甲状腺癌、肝癌和胃癌。有两种癌症都和消化系统密切相关。这从侧面说明了罹患癌症与饮食习惯、食品安全等方面的问题高度相关。

也许有人会说这种现象是正常的，以前地球上没有这么多人，人口基数小，因此罹患各种疾病的人就相对少一些。这种说法有一定道理，但是从比例上看，现在人类患各种疾病的比例比以前要高得多，很多新的疾病或者是更加凶险的疾病逐渐出现，这与我们滥用抗生素有着很大的关系。各种含有添加剂的垃圾食品对人体的危害也不容小觑。

其实在我们的身体中，一直都存在着一些能引起细胞癌变的基因（也称原癌基因），这些基因伴随着我们从出生到死亡。有这么多原癌基因在我们体内，为什么大部分人没有罹患癌症呢？这就不得不说到我们体内存在的另外一种基因——抑癌基因了。抑癌基因在控制细胞生长、增殖及分化的过程中起调节作用，具有潜在的抑制原癌基因表达的作用。

然而抑癌基因在各种外界环境的刺激之下，包括辐射的刺激、化学药品的刺激、食物的刺激等，作用会被削弱，最终导致癌症基因的表达，进而使人罹患癌症。所以，外界环境和我们的身体素质是控制癌症基因表达或者不表达的两个关键因素。

癌症的发生是一个日积月累的过程，当我们知道身体中存在原癌基因和抑癌基因之后，我们就应该学会保护自己的身体，尽量不让外界的环境和不良的生活习惯影响我们的抑癌基因。

端粒：衰老的生物标志

人类一直渴望获得长生不老的能力。

2009 年 10 月 5 日，在瑞典的卡罗林斯卡学院，诺贝尔委员会把诺贝尔生理学或医学奖颁给了美国的三位科学家：旧金山大学的伊丽莎白 · 布莱克本、约翰斯 · 霍普金斯大学医学院的卡罗尔 · 格雷德和哈佛大学医学院的杰克 · 绍斯塔克，以表彰他们在癌症和衰老研究方面做出的贡献。他们三人的主要研究对象是端粒。什么是端粒呢？它是染色体两臂末端由特定的 DNA 重复序列组成的结构，能使正常的染色体端部间不发生融合，确保每条染色体的完整性。

早在20世纪30年代，赫尔曼·缪勒和芭芭拉·麦克林托克就分别以果蝇和玉米为材料，各自独立发现了端粒这种结构的存在。在此后30多年的时间里，有关端粒的研究几乎处于停滞状态。20世纪70年代初，DNA聚合酶的发现以及对其功能的研究使得人们再次将目光聚集在端粒这一不起眼的结构上。

布莱克本在研究中发现了一种奇怪的现象：四膜虫的端粒是由“TTGGGG”这样完全重复的序列组成的，但该序列没有记录任何遗传信息。在体外培养的细胞也存在这一奇怪的现象，端粒的长度会随着细胞分裂次数的增加而逐渐变短，这说明端粒的长短与细胞的寿命有着直接的联系。

布莱克本的研究得到了绍斯塔克教授的关注。当时，绍斯塔克正尝试在酵母细胞里建构人工线性染色体，希望它能够在细胞中进行复制。但在实验中，这些人工线性染色体在被导入细胞后很快就会和酵母细胞内的同源染色体发生融合，无法正常复制。于是，二人合作在导入的线性染色体两端连接上四膜虫的端粒序列，奇迹就此出现——人工线性染色体实现了在酵母细胞内的正常复制。该实验证明了端粒对染色体存在保护作用。

后来的研究证实，哺乳动物的端粒是由同样富含鸟嘌呤的重复序列“TTAGGG”组成的。人体染色体端粒中也有许多“TTAGGG”这样的序列，每次染色体的复制都会对这种短的重复序列造成磨损。当磨损达到一定程度，染色体的端粒便无法再保护染色体的完整性，细胞就会因为变得不稳定而死亡。

端粒在维护遗传物质的稳定性方面发挥着重要的作用。在每一个正常的人类体细胞中共有 23 对染色体、46 个 DNA 分子、92 个端粒，染色体上的端粒长度随着 DNA 复制的进行不断缩短，端粒中的重复序列（TTAGGG）随之减少。细胞每分裂一次，端粒都会有所磨损。就像一根铅笔，随着使用时间的延长，铅笔会逐渐变短。当端粒缩短到一定程度时，细胞就无法继续复制和分裂，转而进入衰老和程序性死亡阶段。因此，端粒的长度在一定程度上代表着细胞的寿命，端粒就是衡量生物寿命长短的分子钟。当然，物种不同、组织不同、个体不同，细胞的端粒长度也不尽相同。

有研究显示，端粒长度短于平均值的老人比端粒长度长于平均值的老人的寿命短 4～5 年，死于心脏病的概率高 3 倍。端粒最短者死于传染病的概率比端粒最长者高 8 倍。

如果说端粒的长度代表寿命的长短，那么端粒酶则控制着我们寿命的长短。端粒酶的主要作用是稳定端粒的长度，它可以将以自身为模板复制出的端粒序列添加到磨损后的端粒上，保持端粒原有的长度，这样就保证了复制和分裂过程能不断进行下去。

1989 年，美国加州大学的分子生物学教授莫林在人类的宫颈癌细胞中发现了端粒酶。1994 年，另一位生物学家康特尔在卵巢癌腹腔转移引起的腹水中检测到了端粒酶的活性表达，并同时证实这种活性不存在于正常的卵巢上皮组织中。这一发现仿佛往一面平静的湖水中投入了一块巨石，迅速激起了大家的研究热情。科学家们趁热打铁，明确了粒酶的活性与肿瘤细胞的恶性程度是息息相关的。

2010 年，美国哈佛大学医学院的肿瘤医生罗纳德·德宾霍在动物体内进行了一项大胆的实验。他通过激活端粒酶让老鼠“返老还童”。实验起初有一定的效果，但是不久他就发现很多实验小鼠由于端粒酶被激活，细胞发生了癌变。所以，从端粒酶的作用上来看，我们已经找到延长寿命的重要方法，但是如何在可控的范围内操纵和利用端粒酶依然是一项艰巨的任务。

对人类来说，衰老是一个由多方面因素综合作用的结果。无论是在贫穷落后的古代还是在科技高度发达的今天，我们一直在寻找长生不老的秘方，也一直幻想着能够永生。

然而人类长生不老的愿望很难实现，其中的原因林林总总，包括人类自身的生理极限和环境承载力等。

首先，我们体内的遗传物质在复制过程中难免会有错误产生。有的错误会被人体的自我修复机制纠正；有的错误不是出在编码重要蛋白质的基因上，所以不会对我们产生重大影响。但是随着人类的年龄增长，复制次数的逐渐增加，错误出现的概率会逐渐增大，出现遗传突变的概率也会增加。我们人体的纠错机制也会随着年龄的增长而逐渐退化。因此长生不老对人体来说意味着更多的突变和不确定性。

其次，从环境承载力的角度看，在我们尚未在外太空发现宜居的星球前，长生不老未必是一件好事。人口呈现指数级增长，很快就会达到环境承载力的上限。人类的生存需要一定的社会和环境资源，当矛盾不可调和的时候，就很有可能爆发战争、瘟疫……

因此，不管是从人类自身的生理极限来说，还是从环境承载力的阈值来看，长生不老都不是一个很好的选择。我们要做的就是在有限的生命历程里活出属于我们的精彩。

结语

人类终将走向哪里

未来生命科学还会以指数级快速发展，我们也将面对更多未知的挑战。人类能否继续站在食物链的顶端去实现自己的研究目标尚未可知。生物学的发展历史是复杂而又充满趣味的，它的进步并非一朝一夕，几代甚至是几十代科学家经过不断努力，才最终构建起现今相对成熟的理论体系。

面对科技日新月异的发展，我们的知识越来越丰富，但是与此同时，我们也会觉得自己越来越渺小。我们就像一个不断膨胀的球，不断变大的同时，与未知世界的接触面积也越来越大，看到的未知领域也越来越多。

人类会走向哪里？也许会像《三体》中写的那样，向宇宙中的其他星球抑或外星人发出信号，也许会通过虫洞去往宇宙的另一端，也许会移民到其他星球。到那时，长生不老可能就不再是传说，人体的很多器官也许都可以实现在体外培养，出现问题时可以随时更换……到那时我们就真正成了自己的造物主。

科技的发展会不断地改变我们的生活，逐渐产生更加深远的影响。人类在改变社会乃至整个地球的过程中，也在不知不觉地改变着自己。未来我们究竟会走向何方，依旧是一个未知数，我们必须对生命怀着一颗敬畏的心，学会了解她、呵护她。

生命科学未来的发展速度已经不能用语言来形容了，再辅以 AI 的推动，究竟能达到什么样的发展速度让人难以预测。生命科学与其他学科的融合让这一进程变得更加迅速。这既是机遇也是挑战，因此我们亟须了解基本的生命科学知识。

我写这本书的目的就是想以一些耳熟能详的生物学内容为切入点，让更多的人理解生命、了解人类、认识自我。这本书从时间的维度撷取了生命科学中一些重要的分支学科和重大事件，详细讲述了它们的来龙去脉和演化过程。例如，显微镜的发明与细胞的发现，遗传学的诞生与发展，孟德尔的实验数据究竟有没有造假，朊病毒对“生命公式”的完善，生物科技发展引发的伦理、法律问题……从中，读者能了解生物学史上一些重要事件发生的社会、历史、经济、文化和科技背景，也能了解一些鲜为人知的生物学史故事。希望读者阅读这本书后，能够对生命科学的发展有一个清晰而朴素的认知。

我在创作《生命的时钟》的过程中得到了出版社的大力支持。我和编辑共同选定题材，共同打磨各章的结构与内容，希望帮助大家对生物学的前世今生有更加深刻的认识。

生命不息，发展不止！这本书如果能够给大家带来一丝生命科学方面的启蒙，我心足矣！由于作者的水平有限，错误在所难免，希望能够得到大家的批评与斧正！

参考文献

1. 埃斯特普. 长寿的基因:如何通过饮食调理基因,延长大脑生命力[M]. 姜佟琳,译. 杭州:浙江人民出版社,2016.
2. 奥斯泰德. 揭开老化之谜:从生物演化看人的生命历程[M]. 洪兰,译. 桂林:广西师范大学出版社,2007.
3. 阿克罗伊德. 生命起源[M]. 周继岚,刘路明,译. 北京:生活·读书·新知三联书店,2007.
4. 布杰德,布莱格曼,霍夫迈尔,等. 系统生物学:哲学基础[M]. 孙之荣,译. 北京:科学出版社,2008.
5. 玻恩. 我的一生和我的观点[M]. 李宝恒,译. 北京:商务印书馆,1979.
6. 波珀. 科学发现的逻辑[M]. 查汝强,邱仁宗,译. 北京:科学出版社,1986.
7. 常青. 如何老去:长寿的想象、隐情及智慧[M]. 太原:山西人民出版社,2017.
8. 曹育. 著名美籍华人分子生物学家吴瑞教授[J]. 中国科技史料,1998(4):54-59.
9. 陈为民. 图说病毒[M]. 武汉:湖北科学技术出版社,2017.
10. 陈惟昌,陈志义,陈志华,等. 遗传密码格式的组合编码数分析[J]. 生物物理学报,2002,18(2):206-212.
11. 陈牧,刘锐,翁屹. 三羧酸循环的发现与启示[J]. 医学与哲学,2012(1):71-73.
12. 但顿. 150 年后重看进化论[M]. 鲁静如,王天佑,译. 北京:中国戏剧出版社,2007.
13. 道金斯. 自私的基因[M]. 张岱云,等译. 北京:科学出版社,1981.
14. 戴维斯. 第五项奇迹:生命起源之探索[M]. 祝朝伟,胡开宝,崔冰清,等译. 南京:译林出版社,2003.
15. 刁现民,孟金陵. 麦克林托克及其科学成就[J]. 自然杂志,1989,12(10):784-788.
16. 樊春良,张新庆,陈琦. 关于我国生命科学技术伦理治理机制的探讨[J]. 中国软科学,2008(8):58-65.
17. 方元. 朊病毒研究进展[J]. 病毒学报,2000,16(4):378-382.
18. 芬顿,刘自培. 环境生态学的一些概念商讨[J]. 资源开发与保护,1990,6(2):125-127.
19. 冯连世,徐晓阳,冯炜权. 基因工程与运动生物化学的发展和展望[J]. 中国运动医学杂志,2000,19(1):69-70.
20. 冯永康. 生命科学史上的划时代突破:纪念DNA 双螺旋结构发现50 周年[J]. 科学,2003,55(2):39-42.
21. 福提. 生命简史:地球生命40 亿年的演化传奇[M]. 高环宇,译. 北京:中信出版社,2018.
22. 傅继梁. 见人人之所见,思人人所未思:发现DNA 双螺旋结构的故事[J]. 科学,2003,55(4):62-64.
23. 格拉夫. 古代世界的巫术[M]. 王伟,译. 上海:华东师范大学出版社,2013.
24. 高崇明,张爱琴. 生物伦理学[M]. 北京:北京大学出版社,1999.
25. 高崇明,张爱琴. 生物伦理学十五讲[M]. 北京:北京大学出版社,2004.

26. 高巍,牛韵韵,董明敏,等. 现代两大诺贝尔获奖技术相结合的启示:单细胞RT-PCR技术建立的哲学思考[J]. 医学与哲学,2001,22(2):59-60.
27. 龚大洁,张利平,李隆. 人端粒酶反转录酶的生物信息学分析[J]. 西北师范大学学报(自然科学版),2019,55(3):92-97.
28. 郭建崴. 居维叶:灭绝与灾变论[J]. 化石,2017(4):52-53.
29. 郭晓强. DNA 双螺旋发现的第三人[J]. 自然辩证法通讯,2007,29(4):81-89.
30. 戈斯登. 欺骗时间:科学、性与衰老[M]. 刘学礼,陈俊学,毕东海,译. 上海:上海科技教育出版社,2014.
31. 豪尔吉陶伊. DNA 博士:与沃森的坦诚对话[M]. 钟扬,赵佳媛,杨桢,译. 上海:上海科学技术出版社,2009.
32. 贺小英,荆乾鸽,姜欣颖,等. 端粒酶与体细胞重编程的最新研究进展[J]. 南方农业学报,2019,50(5):1133-1138.
33. 赫胥黎. 进化论与伦理学(全译本)[M]. 宋启林,译. 北京:北京大学出版社,2010.
34. 侯文蕙. 环境史和环境史研究的生态学意识[J]. 世界历史,2004(3):25-32.
35. 黄国勤,黄依南. 美国生态学的发展[J]. 生态环境学报,2019,28(7):1473-1483.
36. 黄三文,戴小枫,王俊. 新一代DNA 测序技术给农业育种带来革命[J]. 生物产业技术,2008,2(3):20-25.
37. 杰拉尔德. 生物学之书[M]. 傅临春,译. 重庆:重庆大学出版社,2017.
38. 贾德森. 创世纪的第八天[M]. 李晓丹,译. 上海:上海科学技术出版社,2005.
39. 季爱民. 克隆人技术伦理根基之思考[J]. 滁州学院学报,2014,16(1):6-9.
40. 家森幸男. 健康长寿饮食指南[M]. 萧志强,译. 南宁:广西科学技术出版社,2011.
41. 贾国梅,陈芳清,张文丽,等. 研究生课程《现代生态学》教学改革探析[J]. 教育教学论坛,2018(46):227-228.
42. 金奇. 医学分子病毒学[M]. 北京:科学出版社,2001.
43. 克拉克. 衰老问题探秘:衰老与死亡的生物学基础[M]. 许宝孝,译. 上海:复旦大学出版社,2001.
44. 科因. 为什么要相信达尔文[M]. 叶盛,译. 北京:科学出版社,2009.
45. 卡尔尼克. 禽病学[M]. 高福,苏敬良,译. 北京:中国农业出版社,1999.
46. 柯遵科. 赫胥黎研究的编史学进展:以“达尔文的斗犬”形象为中心的考察[J]. 自然辩证法研究,2017,33(2):75-81.
47. 肯纳. 癌症可以战胜:提升机体抗癌能力的身心灵方法[M]. 雷秀雅,郭成,译. 重庆:重庆大学出版社,2012.
48. 康东伟. 浅析生态学原理与和谐理念的交融[J]. 河北林业,2008(6):26-28.
49. 雷瑞鹏. 遗传密码概念发展的历史脉络[J]. 科学技术与辩证法,2006,23(3):95-98.
50. 冷明祥. 克隆人技术会给我们带来什么[J]. 南京医科大学学报(社会科学版),2003(3):234-238.
51. 冷平生. 园林生态学概念与发展[J]. 农业科技与信息(现代园林),2013,10(7):1-2.
52. 李超越. 当代景观生态学研究进展及展望[J]. 现代园艺,2019(17):88-89.

53. 李建军,雷湘凌.动物生物技术研究伦理学的前沿进展[J].自然辩证法研究,2010,26(1):125-128.
54. 李靖炎.细胞的起源[J].生物学通报,1987(9):1-3.
55. 李兰娟.中国近30年微生态学发展现状及未来[J].中国微生态学杂志,2019,31(10):1151-1154.
56. 李盛,黄伟达.诺贝尔奖百年鉴—构筑生命[M].上海:上海科技教育出版社,2001:157-161.
57. 李拓,刘珠果,戴秋云.马尔堡病毒疫苗研究进展[J].军事医学,2016,40(3):261-264.
58. 李希明.实验动物与神经科学史[J].生物学教学,2012,37(10):44-46.
59. 李晓然,吕毅,官路路,等.微生物分子生态学发展历史及研究现状[J].中国微生物学杂志,2012,24(4):366-369.
60. 李永祺,王蔚.浅议海洋生态学的定义[J].海洋与湖沼,2019,50(5):707-712.
61. 梁丽琴.端粒酶及其与疾病的关系概述[J].生物学教学,2019,44(3):2-4.
62. 林玲.定量PCR技术的研究进展[J].国外医学遗传学分册,1999,22(3):5-9.
63. 刘广发.现代生命科学概论[M].北京:科学出版社,2014.
64. 刘海龙.理性应对克隆人的发展[J].社科纵横,2005,20(5):217-218.
65. 刘寄星.R.富兰克林在DNA双螺旋结构发现中的功绩[J].物理,2003,32(11):739-741.
66. 刘青青.我国景观生态学发展历程与未来研究重点[J].住宅与房地产,2018(7):82.
67. 刘荣福.关于PCR技术发明的启示:浅谈技术发展的内在动力[J].医学与哲学,1995,16(8):409-411.
68. 刘锐,翁屹.从羊瘙痒病到疯牛病—朊病毒发现史[J].中华医史杂志,2009,39(3):175-177.
69. 刘锐.漫话生物学简史[M].合肥:中国科学技术大学出版社,2018.
70. 刘锐.生命科学简史[M].合肥:中国科学技术大学出版社,2021:100-101.
71. 刘瑞凝.中国农业百科全书[M].北京:农业出版社,1991.
72. 刘伸.生命伦理学或生物伦理学:价值观的选择[J].国外社会科学,1994(9):16-20.
73. 刘姝倩.健康长寿靠自己:抗衰老生活方式[M].北京:人民军医出版社,2007.
74. 卢风.当代道德难题与伦理学发展愿景[J].学习论坛,2012,28(9):55-61.
75. 卢彦欣,王雷,扈荣良.狂犬病病毒检测历史及研究进展[J].中国人兽共患病学报,2007,23(11):1150-1152.
76. 鲁润龙,顾月华.细胞生物学[M].合肥:中国科学技术大学出版社,2002.
77. 鲁伊.马尔堡病毒:那么远,这么近[J].科技文萃,2005(6):75-77.
78. 罗尔斯顿.基因、创世记和上帝:价值及其在自然史和人类史中的起源[M].范岱年,陈养惠,译.长沙:湖南科学技术出版社,1999.
79. 罗杰.衰老生物学[M].王钊,张果,译.北京:科学出版社,2016.
80. 吕常荣,温家洪,尹占娥,等.全球高致病性禽流感灾害的时空变异[J].灾害学,2007,22(2):25-29.

81. 吕增建. 走进科学史[M]. 北京:中国科学技术出版社,2018.
82. 玛格纳. 生命科学史[M]. 刘学礼,译. 上海:上海人民出版社,2012.
83. 迈尔. 生物学思想发展的历史[M]. 涂长晟,等译. 成都:四川教育出版社,2010.
84. 梅契尼科夫. 怎样延长你的寿命[M]. 张坤,译. 南京:江苏凤凰科学技术出版社,2015.
85. 聂志扬,肖飞,郭健. DNA 测序技术与仪器的发展[J]. 中国医疗器械信息,2009,15(10). 13-16.
86. 普雷斯顿. 血疫:埃博拉的故事[M]. 姚向辉,译. 上海:上海译文出版社,2016.
87. 潘承湘. 细胞学说的产生、发展与有关争议[J]. 自然辩证法通讯,1989,11(64):72-77.
88. 彭新武. 造物的谱系:进化的衍生、流变及其问题[M]. 北京:北京大学出版社,2005.
89. 齐默. 演化的故事:40 亿年生命之旅[M]. 唐嘉慧,译. 上海:上海人民出版社,2018.
90. 尚玉昌. 普通生态学[M]. 北京:北京大学出版社,2002.
91. 盛文林. 人类在生物学上的发现[M]. 北京:北京工业大学出版社,2011.
92. 舒兰. 细节决定长寿[M]. 北京:中国物资出版社,2009.
93. 孙毅霖. 生物学的历史[M]. 南京:江苏人民出版社,2009.
94. 唐欣昀. 微生物学[M]. 北京:中国农业出版社,2009.
95. 唐镱方,唐琴,王晓庆,等. 端粒与心脑血管疾病关系的研究现状[J]. 华西医学,2019,34(10):1170-1174.
96. 涂建新. 斗争与文明:赫胥黎《进化论与伦理学》的一种解读[J]. 重庆科技学院学报(社会科学版),2011(4):28-30.
97. 屠宇平. 马尔堡出血热[J]. 疾病监测,2005,20(7):392.
98. 王东. 现代生态学领域概念范式变迁[J]. 汉中师范学院学报(自然科学),2002,20(1):76-83.
99. 王发曾. 现代生态学发展趋势[J]. 河南大学学报(自然科学版),1989(3):81-87.
100. 王家根,陶李春. 传播学视角下的严复编译研究:以赫胥黎的《天演论》为例[J]. 中国科技翻译,2019,32(4):12-15.
101. 王镜岩,朱圣庚,徐长法. 生物化学:3 版[M]. 北京:高等教育出版社,2002:339.
102. 王立铭. 上帝的手术刀:基因编辑简史[M]. 杭州:浙江人民出版社,2017.
103. 王明旭. 医学伦理学[M]. 北京:人民卫生出版社,2010.
104. 王世宣,张金金. 卵巢衰老的机制与预防研究进展[J]. 山东大学学报(医学版),2019,57(2):16-22.
105. 王学,田波. 朊病毒的研究进展[J]. 中国病毒学,1997,12(4):302-308.
106. 王亚辉. 细胞生物学的发展历史和现况[J]. 细胞生物学杂志,1986,8(1):7-11.
107. 王悦,彭蜀晋,周媛,等. 百年诺贝尔化学奖与生物化学的发展[J]. 大学化学,2011,26(5):88-92.
108. 维纳. 控制论:2 版[M]. 郝季仁,译. 北京:科学出版社,2009.
109. 瓦拉赫. 科技失控:用科技思维重新看透未来[M]. 萧黎黎,译. 南京:江苏凤凰文艺出版社,2017.
110. 沃森. 双螺旋:发现DNA 结构的个人经历[M]. 田洺,译. 北京:生活·读书·新知三联书店,2001.
111. 沃森. 双螺旋:发现DNA 结构的故事[M]. 刘望夷,译. 北京:化学工业出版社,2009.
112. 乌力吉. 修复人体自愈力糖尿病可自我痊愈[J]. 世界最新医学信息文摘,2016,16(11):166-167.
113. 吴国盛. 科学的历程[M]. 北京:北京大学出版社,2002.
114. 吴乃虎. 基因工程原理:2 版[M]. 北京:科学出版社,1998.
115. 吴相钰,陈守良,葛明德. 陈阅增普通生物学:2 版[M]. 北京:高等教育出版社,2005.
116. 吴苑华. 简议居维叶的真理观[J]. 实事求是,2000(3):44-47.
117. 吴兆录. 生态学的发展阶段及其特点[J]. 生物学杂志,1994,13(5):67-72.
118. 文特尔. 生命的未来:从双螺旋到合成生命[M]. 贾拥民,译. 杭州:浙江人民出版社,2016.
119. 万谟彬. SARS 的暴发流行及流行病学特征[J]. 国外医学:流行病学传染病学分册,2003(3):129.
120. 王大成,顾孝诚. 胰岛素晶体结构研究40 年回眸[J]. 中国科学:生命科学,2010,40(1):2-7.
121. 王大珍. 微生物生态学的发展及应用[J]. 科学,1993,45(2):18-20.
122. 向义和. DNA 双螺旋结构是怎样发现的[J]. 物理与工程,2005,15(2):44-49.
123. 肖金学,王文强,廉振民. 浅议分子生态学的概念[J]. 延安大学学报(自然科学版),2008,27(1):69-71.
124. 薛定谔. 生命是什么[M]. 吉喆,译. 哈尔滨:哈尔滨出版社,2012.
125. 杨福愉. 有关Mitchell 化学渗透假说的一些争议[J]. 生物化学与生物物理进展,1985(2):2-7.
126. 杨沛霆. 科学技术史[M]. 杭州:浙江教育出版社,1986.
127. 杨丝吉,李桂源. DNA 双螺旋结构发现的启示[J]. 医学与社会,2001,14(6):32-34.
128. 姚敦义. 生命科学发展史[M]. 济南:济南出版社,2005.
129. 叶明. 微生物学[M]. 北京:化学工业出版社,2010.
130. 叶言山. 心脏为何不生癌[J]. 生物学杂志,1993(3):48.
131. 翟中和,王喜忠,丁明孝. 细胞生物学:4 版[M]. 北京:高等教育出版社,2011.
132. 张波. 环境适应与表观遗传学(Epigentics)[J]. 化石,2006(1):39-40.
133. 张超. 生态美育的概念探源[J]. 中国成人教育,2015(12):24-26.
134. 张光武. "中国的摩尔根"谈家桢[J]. 世纪,1999(1):4-11.
135. 张华丽. 生态文明概念的历史考察与发展趋向探讨[J]. 中共天津市委党校学报,2018(4):57-62.
136. 张建. DNA 双螺旋结构发现者:莫里斯·威尔金斯[J]. 生物学通报,2017,52(12):56-58.
137. 张金菊. DNA 双螺旋结构发现的背景[J]. 化学通报,1995,19(2):63-64.
138. 张礼和. 从生物有机化学到化学生物学[J]. 化学进展,2004(3):313-318.
139. 张清华. 养生与长寿[M]. 北京:中国社会出版社,2000.
140. 张文华,戴崝,付晓琛,等. 生物系统分类体系的建立和林奈的贡献[J]. 生物学通报,

2008,43(5):54-55.
141. 张玉荣. 现代生态学回顾与展望[J]. 湖南林业科技,2003,30(4):45-48.
142. 张增一. 赫胥黎与威尔伯福斯之争[J]. 自然辩证法通讯,2002,24(4):1-5.
143. 章梅芳. 玉米田里的孤独先知:充满传奇色彩的女遗传学家麦克林托克[J]. 科技导报,2009,27(13):120.
144. 章晓波,徐洵,等. 分子信标探针用于PCR检测对虾白斑杆状病毒[J]. 生物化学与生物物理进展,2000 (3):277-280.
145. 郑立佳,梁文高,邓文煌,等. 城市狂犬病流行危害分析及防控对策[J]. 农业科学实验,2020(10):119-120.
146. 郑艳秋,朱幼文,廖红,等. 基因科学简史:生命的秘密[M]. 上海:上海科学技术文献出版社,2009.
147. 中国生态学学会. 生态学的发展趋势及研究热点[J]. 科技导报,2010,28(17):120-121.
148. 钟安环. 从原始生物学到现代生物学[M]. 北京:中国青年出版社,1984.
149. 钟安环. 简明生物学史话:轻松易读的最佳生物学启蒙书[M]. 北京:知识产权出版社,2014.
150. 周光召. 发展学科交叉促进原始创新:纪念DNA双螺旋结构发现50周年[J]. 物理,2003,32(11):707-711.
151. 周丽宏,陈自强,黄国友,等. 细胞打印技术及应用[J]. 中国生物工程杂志,2010,30(12):95-194.
152. 周廷华,魏昌瑛. DNA双螺旋结构发现背后的女性:纪念罗莎琳德·富兰克林逝世49周年[J]. 生物学通报,2007,42(8):61-62.
153. 诸葛健,李华钟. 微生物学:2版[M]. 北京:科学出版社,2009.
154. Balboni J, Sullivan A, Simth T, et al. The Views of Clergy Regarding Ethical Controversies in Care at the End of Life[J]. Journal of Pain and Symptom Management, 2018, 1(55): 65-74.
155. Berger, S. L., Kouzarides, T., Shiekhattar, R. and Shilatifard, A. An operational definition of epigenetics [J].Genes & development, 2009, 23(7):781-783.
156. Chris D. Bioethics in a Pluralistic Society: Bioethical Methodology in Lieu of Moral Diversity[J]. Scientific Contribution: Med Health Care and Philos, 2009(12):35-47.
157. Crozet C., Lehmann P. Where do We Stand 20 Years after the Appearance of Bovine Spongiform Encephalopathy[J]. MedSci (Paris), 2007, 23(12):1148-1158.
158. Dupont, C., Armant, D. R., Brenner, C. A. Epigenetics: definition, mechanisms and clinical perspective [J]. Seminars in reproductive medicine, 2009, 27(5):351-357.
159. Holliday, R. Epigenetics: an overview [J]. Developmental genetics, 1994, 15(6):453-457.
160. Jablonka, E., Lamb, M. J. Epigenetic inheritance and evolution: the Lamarckian dimension [M]. New York: Oxford University Press, 1995.
161. John B. Principles of Genetics 7th [M]. The McGraw-Hill Companies, 2001:10-12.
162. Nissen N., et al. The Complete atomic structure of the large ribosomal subunit at 2.4 resolu-

tion[J]. Science, 2000, 89:905-920.
163. Roesch A., Vultur A., Bogeski I., et al. Overcoming Intrinsic Multidrug Resistancein Melanoma by Blocking the Mitochondrial Respiratory Chain of Slow Cycling JARID1Bhigh Cells[J]. Cancer Cell, 2013(6): 811-825.
164. Sanger F., Nicklen S., Coulson R. DNA Sequencing with Chain terminating Inhibitors[J]. Proc Natl AcadSci USA. 1977, 74(12):5463-5467.
165. Waddington H. Epigenetics and evolution [J]. Symposia of the Society for Experimental Biology, 1953, 7:186-199.

图片来源

1. https://commons.wikimedia.org/wiki/File:Human_male_karyotpe_high_resolution_-_Chromosome_10.png
2. https://commons.wikimedia.org/wiki/File:A_human_skeleton,_leaning_against_a_tomb,_after_Vesalius;_la_Wellcome_V0007832ER.jpg
3. https://commons.wikimedia.org/wiki/File:Microscoopopname_van_een_vlo,_RP-F-2001-7-542-2.jpg
4. https://commons.wikimedia.org/wiki/File:The_Oak_(Marshall_Ward)_Fig_30.jpg
5. https://commons.wikimedia.org/wiki/File:TMV_structure_full.png
6. https://commons.wikimedia.org/wiki/File:CentralDogma.png
7. https://commons.wikimedia.org/wiki/File:Ebola_virus_virion.jpg
8. https://commons.wikimedia.org/wiki/File:T._H._Huxley,_Evidence_as_to_man's_place_in_nature._Wellcome_L0027093.jpg
9. https://commons.wikimedia.org/wiki/File:Systema_Naturae_Plate_VIII.jpg；https://commons.wikimedia.org/wiki/File:Systema_Naturae_Plate_VII.jpg；https://commons.wikimedia.org/wiki/File:Systema_Naturae_Plate_II.jpg
10. https://commons.wikimedia.org/wiki/File:T._H._Huxley,_Evidence_as_to_man's_place_in_nature._Wellcome_L0027093.jpg
11. https://commons.wikimedia.org/wiki/File:HelicobacterPylori2.jpg
12. https://commons.wikimedia.org/wiki/File:Fairbanks_-_Mendel_Tall_and_Dwarf_Pea_Plants.jpg
13. https://commons.wikimedia.org/wiki/File:Gregor_Mendel_-_characteristics_of_pea_plants_-_english.png
14. https://commons.wikimedia.org/wiki/File:Dnaconformations.png
15. https://commons.wikimedia.org/wiki/File:Amino_Acid_Codon_Table.svg
16. https://commons.wikimedia.org/wiki/File:Human_male_karyotpe_high_resolution_-_Chromosome_10.png
17. https://commons.wikimedia.org/wiki/File:The_natural_history_of_British_birds,_or,_A_selection_of_the_most_rare,_beautiful_and_interesting_birds_which_inhabit_this_country_-_the_descriptions_from_the_Systema_naturae_of_Linnaeus_-_with_(14752245725).jpg